Материалы VIII международной научно-практической

конференции

Фундаментальные и прикладные науки сегодня

10-11 мая 2016 г.

North Charleston, USA

Том 1

УДК 4+37+51+53+54+55+57+91+61+159.9+316+62+101+330

ББК 72

ISBN: 978-1533266798

В сборнике опубликованы материалы докладов VIII международной научно-практической конференции   " Фундаментальные и прикладные науки сегодня ".

Все статьи представлены в авторской редакции.

Содержание
Архитектура

Биологические науки

Искусствоведение

Исторические науки

Медицинские науки

Содержание

Науки о земле

Педагогические науки

Психологические науки

Технические науки

Содержание

Физико-математические науки

Филологические науки

Химические науки

Экономические науки

Содержание

Юридические науки

Лазарева М.В.

кандидат архитектуры, Московский Архитектурный Институт (Академия),
кафедра «Градостроительства»
arti_mari@inbox.ru

ОПЫТ ВНЕДРЕНИЯ СОЦИОЛОГИЧЕСКОГО ИССЛЕДОВАНИЯ В УЧЕБНОМ ПРОЦЕССЕ ВЫСШЕЙ ШКОЛЫ

Изменения, происходящие в последние годы в экономической, политической и социальной сферах развития общества, неизменно затрагивают культурную жизнь и вносят соответствующие коррективы в процесс образования. В настоящее время существенно возросли требования, предъявляемые к уровню подготовки специалиста. В качестве одной из главных задач образования выдвигается необходимость подготовки высококвалифицированного специалиста, способного творчески подходить к решению социально-значимых проблем.

Обучение как процесс представляет собой целенаправленное, организованное с помощью специальных методов и разнообразных форм активное взаимодействие преподавателей и студентов. Важным элементом подготовки специалиста являются его практические знания и умения. Также практические занятия предназначены для углубленного изучения дисциплины.

На кафедре «Градостроительство» в числе прочих дисциплин преподается предмет «Социальные основы архитектурного проектирования», который рассчитан на студентов 4-5 курса.

За последние несколько лет, были проведены ряд исследований, посвященных изучению общественных пространств города Москвы, а также пешеходных улиц и общественных территорий жилых кварталов.

Целью работы являлось исследование объектов общественной активности города Москвы, приобщению молодых специалистов к проблеме благоустройства территории и социальных связей, социально-архитектурное наблюдение и анализ пешеходных пространств города для выявления наиболее удачных и проблемных зон.

Активная городская жизнь полнее всего ощущается в социально оживленных пространствах. Она предлагает человеку самый широкий выбор услуг, начиная с различных видов обслуживания и заканчивая культурным досугом. Джейн Джекобс в своей книге «Жизнь и смерть больших американских городов»[1], пишет, что идея городского разнообразия; идея смешанного зонирования; идея активной уличной жизни - основы общественной жизни. Идеальное общественное пространство - это место, внутри которого удобно и безопасно всем без исключения горожанам, которые устроены с учетом интересов разных групп населения.

---

[1]   Джейн Джекобс Жизнь и смерть больших американских городов // Новое издательство. 2011

Первое исследование касалось мест социальной активности горожан в целом. Поскольку данная тема очень обширна, то было выявлено 5 основных крупных блоков: выходы из метро, площади и площади перед ТЦ, скверы и парки, пешеходные мосты, площади при вокзалах.

Для исследования студентам необходимо было провести социологический опрос населения с целью выявления требований к организации мест общественной активности города. Для этого была подготовлена анкета совместно со студентами, заключающая в себе 15 вопросов. Студенты опрашивали население в будний день и в выходной день, 3 раза в день – утром (с 10-12), днем (с 13-16) и вечером (с 17 до 20). На основе этих результатов были вычислены диаграммы и графики, позволяющие отобразить данные более наглядно, облегчить их восприятие и помочь при анализе и сравнении.

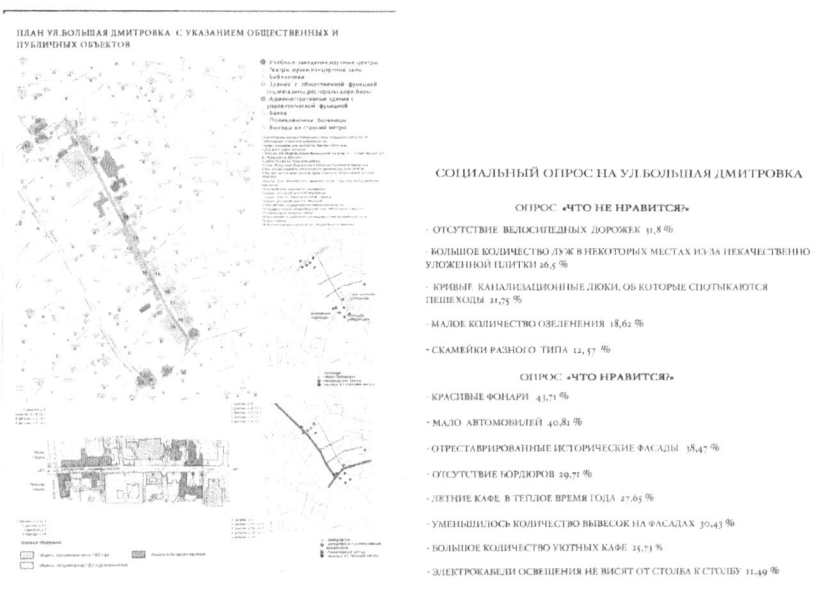

Таким образом, были сформулированы острые проблемы социально активных объектов города. Также же, был изучен зарубежный опыт подобных территорий с точки зрения пространственно-коммуникативного единства и эстетической выразительности.

Второе исследование касалось пешеходных улиц города Москвы, как уже давно сформированных, так и возникших совсем недавно.

Пешеходное пространство в городе представляют из себя непрерывную сеть связей, формирующуюся в тесном взаимодействии с транспортной инфраструктурой, подчиненную сложившейся градостроительной ситуации и зависимую от расположения объектов, являющихся фокусами тяготения населения.

В 2015 г. в Москве стартовала специальная подпрограмма «Благоустройство улиц и городских общественных пространств «Моя улица» на 2015-2018 гг.» По словам С. Собянина, выступавшего на Урбанистическом Форуме-2015 [2], благоустройство улиц станет самой крупной программой повышения качества городской среды Москвы. На первом этапе в рамках программы решено создать новые пешеходные зоны, как в центре, так и за пределами центральной части города, в том числе и пешеходных маршрутов в радиусе 1200 м. от станций метро.

В рамках этой работы студенты МАРХИ изучали выбранные улицы города Москвы, с точки зрения функциональной, композиционно-пространственной структуры, а также социальной активности горожан. Результатом работы стали альбомы с чертежами, диаграммами, схемами, фотографиями и предложениями по развитию и улучшению среды.

Изучение мирового опыта, а также анализ полученных работ дал возможность разделить пешеходные улицы на 8 типов, с точки зрения функциональной структуры, архитектурной организации и социального использования:

1. улица-рынок - улица Муфтар в Париже (rue Mouffetard); улица Кур-Солеа в Ницце (cour Soleya); улица-рынок в Гранаде (Calderería Nuevaулица).

2. улица арт движений - улица Старый Арбат в Москве; Карнаби стрит в Лондоне (Carnaby Street);

3. транзитная улица – Зубовский бульвар в Москве; улица Кузнецкий мост в Москве;

4. улица массовых акций - Таймс сквер в Нью-Йорке (Times Square); Большая Московская площадь в Санкт-Петербурге

5. торговая улица - Кёнигсаллее в Дюсселодорфе; Улица Монтегю в Париже (Rue Montorgueil); улица Цайль в Франкфурте (Zeil)

6. историческая улица. Строгет в Копенгагене (Stroget); Руа Аугушта в Лиссабоне (Rue Augusta)

7. многофункциональная улица - Хофбоген (Hofbogen) в Роттердаме; бульвар Рамбла в Барселоне (Rambla).

8. улица-парк - Бульварное кольцо в Москве.

На схемах выбранных студентами улиц отмечались исторические памятники, доминанты, точки общепита, остановки транспорта, ландшафтные включения, элементы малых архитектурных форм, освещения и проч. Студенты анализировали визуальные связи и планировочные особенности объектов.

---

[2] Материалы Урбанистического Форума (16-17 октября 2015 года)

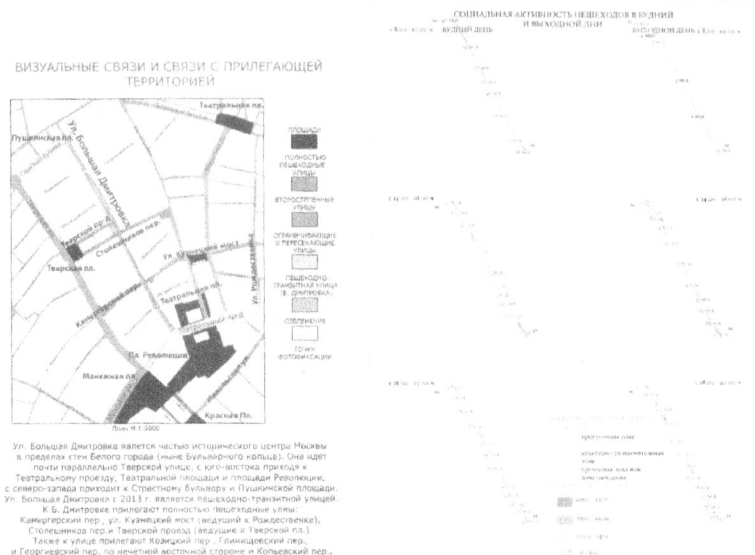

Для изучения социального аспекта студенты исследовали улицу в разное время суток в рабочий день и в выходной. На плане объекта отмечались примерное количество горожан, точки и границы социальной активности, а также проводился опрос.

Результаты опроса показали, что в настоящее время пешеходная структура города, в том числе города Москвы, развивается, в основном, за счет создания локальных пешеходных пространств, часто не имеющих организованных пешеходных связей между собой.

Гражданам недостает благоустройства и зон рекреации, которые помогли бы придать многофункциональность транзитным улицам, недостаточное освещение и использование малых архитектурных форм. Кроме этого, респонденты отметили недоступность пешеходных коммуникаций людям с ограниченными возможностями. Кроме того, в ряде случаев транспортный поток служит препятствием на пути движения пешехода из одной пешеходной зоны в другую.

Результатом работы стали альбомы с чертежами, диаграммами, схемами, фотографиями и предложениями по развитию и улучшению среды. Надо отметить, что студенты очень заинтересованно подошли к исследованию.

Библиография:

1. Джейн Джекобс Жизнь и смерть больших американских городов // Новое издательство. 2011

2. Материалы Урбанистического Форума (16-17 октября 2015 года)

**Королев Ю.Ю., **Баженова К.С., **Алиев Н.Ш., * Берестин Д.К.
* – кандидат физико-математических наук, старший научный сотрудник, лаборатория «Функциональных систем организма человека на Севере»
** –аспирант, кафедры «Биофизики и нейрокибернетики» Института естественных и технических наук
БУ ВО «Сургутский государственный университет»

ИЗМЕНЕНИЕ ПАРАМЕТРОВ НЕПРОИЗВОЛЬНЫХ ДВИЖЕНИЙ КОНЕЧНОСТИ ЧЕЛОВЕКА ПОД ВОЗДЕЙСТВИЕМ АЛКОГОЛЬНЫХ НАПИТКОВ

Статистические данные показывают, что в России за год выпивается 2,5 миллиарда литров чистого спирта, это примерно по 18 литров на человека. По данным Всемирной организации здравоохранения (ВОЗ) порог безопасности нации стоит на уровне потребления 8 литров, большее потребление говорит о вырождении нации. Смертность в России почти в два раза превышает среднемировую. Эксперты считают, что основной причиной этого является чрезмерное употребление алкоголя. В современном мире люди активно употребляют слабоалкогольные напитки, наиболее популярным является всем известный такой алкогольный напиток, как пиво [3-6]. Ходит мнение о том, что этот напиток полезен и не может вызвать привыкание, т. к. является слабоалкогольным [5-9].

Целью настоящего исследования является изучение хаотической динамики произвольных движений конечности человека (теппинга) под воздействием слабоалкогольных напитков. Для проведения эксперимента была отобрана группа испытуемых (аспиранты и сотрудники СурГУ) в количестве 34 человек и возрасте от 21 до 30 лет. Все испытуемые на момент проведения эксперимента находились в хорошей физической форме. Эксперимент проводился в 3 этапа. На первом этапе (до употребления слабоалкогольного напитка) у испытуемых регистрировались параметры теппинграмм (ТПГ) в спокойном состоянии до (при отсутствии внешних воздействий). На втором этапе каждому испытуемому был предложен алкогольный напиток в объеме 250 мл. с содержанием спирта 4,2% (пиво). Через 5 минут после употребления алкогольного напитка повторно регистрировались параметры ТПГ. На третьем этапе испытуемым было предложено дополнительно по 250 мл. того же самого алкогольного напитка с последующей регистрацией ТПГ. В задание испытуемых входило движение пальца в вертикальном направлении (теппинг). Движение проводилось с максимальной частотой, но испытуемый не должен был касаться пластиной плоскость датчика, т.о. испытуемый произвольно ограничивал движение пальца как в нижней, так и в верхней точке [1-4].

Регистрация теппинграмм испытуемых производилась с помощью разработанного и запатентованного биоизмерительного комплекса (см. рис 1). Производилось квантование теппинграмм с периодом квантования

$\Delta\tau=10$ мсек. Были получены некоторые выборки $x_1=x_1(t)$, которые представляли положение пальца с металлической пластиной (2) в пространстве (рис. 1) по отношению к токовихревому датчику (1). Регистрация координаты x_i (положение пальца в пространстве) производилась в виде отдельной выборки (длительностью $\tau=5$ сек.) и далее сигнал $x_1(t)$ дифференцировался и получался вектор $x(t)=(x_1, x_2)^T$. Вся установка включала в себя токовихревой датчик (1), усилители сигнала, АЦП (3) и ЭВМ (4), которая кодировала и сохраняла информацию в виде отдельных файлов [4, 9].

Рис.1. Схема биоизмерительного комплекса регистрации тремора

Данные обрабатывались методами теории хаоса – самоорганизации (ТХС), рассчитаны квазиаттракторы (КА), и их площади V_G. Расчет производился в двумерном ФПС, с координатами x_1 – положение пальца по отношению к датчику и $x_2=dx_1/dt$ скорость изменения $x1(t)$.

В свою очередь представим один из характерных примеров изменения НМС при оздействии слабоалкогольного напитка, при рассмотрении динамики *x(t)* на фазовой плоскости, можно зарегистрировать значительное увеличение площади квазиаттрактора после принятия первой дозы алкоголя (площадь КА для состояния I равна $S_{KA1}=3,21*10^{-5}$, для состояния II эта площадь увеличилась до $S_{KA2}=7,51*10^{-5}$, а для состояния III эта площадь уменьшилась в сравнении с состоянием до воздействия $SKA=4,42*10^{-5}$).

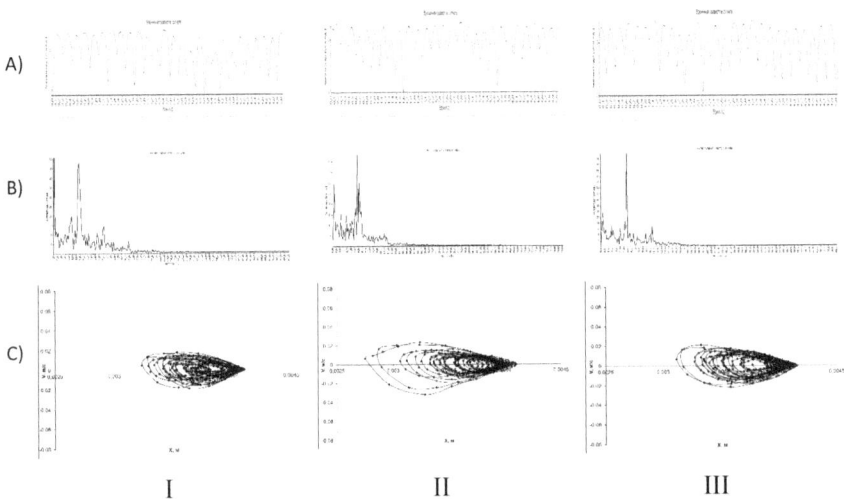

I   II   III

Рис 1. A – Регистрируемый сигнал; B – АЧХ; C – фазовая плоскость вектора $x=(x_1,x_2)$ с координатами положения пальца по отношению к датчику в виде $x_1=x_1(t)$ и $x_2=dx_1/dt$, т.е. изменения скорости этого положения испытуемого D1: I – до употребления; II – через 5 мин после употребления 250 мл. слабоалкогольного напитка; III – после повторного употребления 250 мл. слабоалкогольного напитка.

Как видно состояние испытуемых при употреблении слабоалкогольного напитка существенно различаются. При рассмотрении сигнала на фазовой плоскости происходит увеличение размеров КА для всех испытуемых, а после повторного употребления происходит уменьшение.

Список литературы

1. Берестин Д.К., Черников Н.А., Григоренко В.В., Горбунов Д.В. Математическое моделирование возрастных изменений сердечно-сосудистой системы аборигенов и пришлого населения севера РФ // Сложность. Разум. Постнеклассика. 2015. № 3. С. 77-84.

2. Гавриленко Т.В., Майстренко Е.В., Горбунов Д.В., Черников Н.А., Берестин Д.К. Влияние статистической нагрузки мышц на параметры энтропии электромиограмм // Вестник новых медицинских технологий. 2015. Т. 22. № 4. С. 7-12.

3. Даянова Д.Д., Берестин Д.К., Вохмина Ю.В., Игуменов Д.С. Моделирование показателей функциональных систем организма человека на основе двухкластерной трехкомпартментной системы управления // Вестник новых медицинских технологий. 2014. Т. 21. № 4. С. 7-10.

4.   Еськов В.М., Гавриленко Т.В., Вохмина Ю.В., Зимин М.И., Филатов М.А. Измерение хаотической динамики двух видов теппинга как произвольных движений // Метрология. – 2014. – № 6. – С. 28-35.

5.   Еськов В.М., Хадарцев А.А., Козлова В.В., Филатов М.А. и др. Системный анализ, управление и обработка информации в биологии и медицине // Том XI. Системный синтез параметров функций организма жителей Югры на базе нейрокомпьютинга и теории хаоса-самоорганизации в биофизике сложных систем. – Самара: Офорт, 2014. – 192 с.

6.   Зимин М.И., Гавриленко Т.В., Берестин Д.К., Черников Н.А. Определение принадлежности объекта к хаотическим системам на основе метода структурной минимизации риска // Сложность. Разум. Постнеклассика. 2014. № 4. С. 73-86.

7.   Пашнин А.С., Клюс И.В., Берестин Д.К., Умаров Э.Д. Компартментно-кластерная теория биосистем // Сложность. Разум. Постнеклассика. 2013. № 2. С. 57-76.

8.   Попов Ю.М., Берестин Д.К., Вохмина Ю.В., Хадарцева К.А. Возможности стохастической обработки параметров систем с хаотической динамикой // Сложность. Разум. Постнеклассика. 2014. № 2. С. 59-67.

9.   Филатова О.Е., Берестин Д.К., Филатова Д.Ю., Кузнецова В.Н. Организация движений: произвольная непроизвольность или непроизвольная произвольность / // Тул ГУ, Тула. – 2015. – 389 с.

**Трусов М.В., **Сорокина Л.С., **Шакирова Л.С., * Берестин Д.К.

* – кандидат физико-математических наук, старший научный сотрудник, лаборатория «Функциональных систем организма человека на Севере»

** – аспирант, кафедры «Биофизики и нейрокибернетики» Института естественных и технических наук

БУ ВО «Сургутский государственный университет»

ИЗМЕНЕНИЕ ХАОТИЧЕСКОЙ ДИНАМИКИ ПАРАМЕТРОВ НЕПРОИЗВОЛЬНЫХ ДВИЖЕНИЙ ЧЕЛОВЕКА ПРИ ВОЗДЕЙСТВИИ НА СЛУХОВОЙ АНАЛИЗАТОР

В данной работе представлены результаты решения весьма сложной задачи системного синтеза, который заключается в идентификации значимости разных реакций группы испытуемых на акустические воздействия [5-8]. Исследование параметров движения вектора $x=x(t)=(x_1, x_2, ..., x_m)^T$ организма человека в фазовом пространстве состояний производилось методами теории хаоса и самоорганизации (ТХС), в рамках которого нами идентифицировались параметры квазиаттракторов (КА) постурального тремора левой и правой руки испытуемых, которые существенно отличаются у учащихся разных возрастных групп. Объектом для наблюдения стали 29 студентов (девушек и юношей), обучающихся на 1-3 курсах БУ ВО «Сургутский государственный университет». Обследование студентов производилось неинвазивными методами и соответствовало этическим нормам Хельсинской декларации (2000 г.). Критерии включения: возраст студентов 19-21 лет; отсутствие жалоб на состояние здоровья в период проведения обследований; наличие информированного согласия на участие в исследовании. Критерии исключения: болезнь студента в период обследования.

Эксперимент включал в себя 5 этапов исследования. На первом этапе у испытуемых регистрировались параметры постурального тремора в виде координаты пальца по отношению к датчику $x_i=xi(t)$ в спокойном состоянии (при отсутствии активного акустического воздействия). На втором этапе испытуемому было предложено прослушать запись «белого» шума с одновременной регистрацией параметров НМС. На третьем этапе к прослушиванию предлагалась ритмичная музыка, на четвертом – классическая музыка, на пятом агрессивная музыка – Hard Rock. Обследование производилось повторно и одновременно для правой и левой рук испытуемых. Между каждым этапом испытуемым предоставлялось время Т на восстановление Т ≥ 15 мин. Также необходимо отметить, что акустическое воздействие осуществлялось на среднем уровне громкости при котором испытуемые не испытывали дискомфорта, связанного с высокой интенсивностью звукового потока.

Прежде всего, отметим, что мы рассчитывали все площади КА для 29 испытуемых, находящихся в 5-ти разных состояниях. Для всех полученных кинематограмм были построены фазовые портреты микродвижений в координатах x_1 ($x_1=x_i(t)$ удаление пальца от датчика и $x_2=dx_1/dt$ (скорость перемещения пальца) [4-7]. Учитывая, что распределения параметров площадей КА треморограмм отличается от нормального, то были рассчитаны медианы площадей КА.

Управление основными движениями тела человека и его сенсорными функциями равномерно распределено между двумя полушариями мозга [1-3]. Однако, физическая симметрия мозга не означает, что правая и левая стороны равноценны во всех отношениях [2-5]. Достаточно обратить внимание на параметры квазиаттракторов треморограмм площадей двух рук (рис. 1), чтобы увидеть начальные признаки функциональной асимметрии.

На рис.1 представлена динамика медиан площадей КА (SKA*10^{-6} у.е.) параметров НМС (треморограмм) *без акустического воздействия* и с различными видами акустических воздействий для левой и правой рук испытуемых.

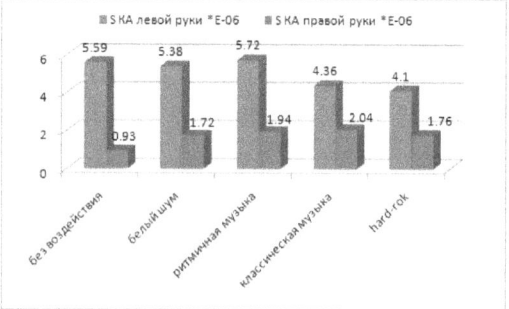

Рис.1. Динамика медиан площадей квазиаттракторов (Z *10^{-6} у.е.) параметров НМС (треморограмм) без акустического воздействия и с различными видами акустических воздействий с координатами x_1, $x_2=dx_1/dt$, для вектора НМС $x=(x_1, x_2)$ для левой и правой рук испытуемых

Анализируя результаты расчетов площадей КА треморограмм левой и правой рук испытуемых, представленных на рис., 1 легко видеть, что площади КА для левой руки гораздо выше, чем для правой, как без воздействия, так и при различных акустических воздействиях. Причем при сравнении результатов без воздействия (SKA=5,59*10^{-6} у.е.) с результатами действия «белого» шума (S_{KA}=5,38*10^{-6} у.е.) отмечается снижение площадей КА, ритмичная музыка наоборот несколько увеличивает площадь КА и составляет S_{KA}=5,72*10^{-6} у.е.. Воздействие классической музыки снижает площадь КА до значения S_{KA}=4,36*10^{-6} у.е.. Воздействие агрессивной музыки продолжает снижать площадь КА до S_{KA}=4,10*10^{-6} у.е. по сравнению с результатами без воздействия.

Опосредованная реакция правой руки на акустические воздействия несколько иная (рис. 1): минимальное значение площади установлено при отсутствии акустических воздействий и составляет S_{KA} =0,93*10^{-6} у.е.. При действии «белого» шума, установлено увеличение площади КА до $S_{KA}=1,72*10^{-6}$ у.е., также как и при прослушивании агрессивной музыки $S_{KA}=1,76*10^{-6}$ у.е.. Ритмичная музыка также увеличивает площадь КА и составляет ($S_{KA}=1,94*10^{-6}$ у.е.). Максимальное увеличение площади КА отмечено при воздействии классической музыки, для которой площадь КА составляют $S_{KA}=2,04*10^{-6}$ у.е..

Любое направленное акустическое воздействие изменяет значения параметров квазиаттракторов НМС, о чем свидетельствуют изменения площадей квазиаттракторов. Усредненные реакции левой руки на звуковое раздражение испытуемых существенно отличается от реакции на звук для правой руки испытуемых.

Список литературы

1. Берестин Д.К., Черников Н.А., Григоренко В.В., Горбунов Д.В. Математическое моделирование возрастных изменений сердечно-сосудистой системы аборигенов и пришлого населения севера РФ // Сложность. Разум. Постнеклассика. – 2015. – № 3. – С. 77-84.

2. Гавриленко Т.В., Горбунов Д.В., Эльман К.А., Шадрин Г.А. Динамика изменения параметров биоэлектрической активности мышц в ответ на разное статистическое усилие // Вестник новых медицинских технологий. Электронное издание. – 2015. – Т. 9. № 3. – С. 8.

3. Гавриленко Т.В., Майстренко Е.В., Горбунов Д.В., Черников Н.А., Берестин Д.К. Влияние статистической нагрузки мышц на параметры энтропии электромиограмм // Вестник новых медицинских технологий. – 2015. – Т. 22. № 4. – С. 7-12.

4. Даянова Д.Д., Берестин Д.К., Вохмина Ю.В., Игуменов Д.С. Моделирование показателей функциональных систем организма человека на основе двухкластерной трехкомпартментной системы управления // Вестник новых медицинских технологий. – 2014. – Т. 21. № 4. – С. 7-10.

5. Еськов В.М., Брагинский М.Я., Козлова В.В., Джалилов М.А., Баженова А.Е. Биомеханическая система для изучения микродвижений конечности человека: хаотические и стохастические подходы в оценке физиологического тремора // Вестник новых медицинских технологий. – 2011. – Т. 18. № 4. – С. 44-48.

6. Зимин М.И., Гавриленко Т.В., Берестин Д.К., Черников Н.А. Определение принадлежности объекта к хаотическим системам на основе метода структурной минимизации риска // Сложность. Разум. Постнеклассика. – 2014. № 4. – С. 73-86.

7. Пашнин А.С., Клюс И.В., Берестин Д.К., Умаров Э.Д. Компартментно-кластерная теория биосистем // Сложность. Разум. Постнеклассика. – 2013. – № 2. – С. 57-76.

8. Попов Ю.М., Берестин Д.К., Вохмина Ю.В., Хадарцева К.А. Возможности стохастической обработки параметров систем с хаотической динамикой // Сложность. Разум. Постнеклассика. – 2014. – № 2. – С. 59-67.

Казакова Н.Ю.

канд. филол. наук, магистр дизайна

преподаватель кафедры «Дизайн Среды» Московского Государственного Университета Дизайна и Технологии, г. Москва

Temporary-use@mail.ru

РАЗРАБОТКА МИФОЛОГИИ ИГРОВОГО ПРОЕКТА И СОЗДАНИЕ ОБРАЗА «БОССА» КАК ЕЁ СОСТАВЛЯЮЩЕЙ В ГЕЙМ-ДИЗАЙНЕ КАК ВИДЕ ПРОЕКТНОЙ ДЕЯТЕЛЬНОСТИ

На сегодняшний день гейм-дизайн представляет собой крайне динамично развивающийся вид проектной деятельности, чей спектр задач включает в себя разработку игровой механики, сюжета игры, отбор используемых технологий и создание визуального ряда игрового проекта. Работа над проектированием игрового процесса осуществляется, как правило, поэтапно, и в рамках данного исследования будет рассмотрена стадия создания мифологии игры (англ. lore), особенно актуальная для игр с разветвленным сюжетом и большим количеством персонажей, что особенно часто встречается в таких жанрах как «компьютерные ролевые игры», «приключения» и некоторые «шутеры от первого лица». В принципе, традиция тщательно прописывать информацию о каждом из персонажей и продумывать способы их взаимодействия в рамках геймплея восходит к культовой игре «Dungeons & Dragons», ставшей предтечей всех ролевых игр. В отличие от сюжета, мифология, представляющая собой детально проработанные биографии и описания персонажей и взаимоотношений между ними, может быть и не в полном объеме отражена в рамках геймплея, но она придает игровому процессу должный уровень правдоподобия и глубины. В данном случае игрок, понимая глубинную мотивацию персонажей и ясно отдавая себе отчет в причинах, побудивших героя, совершить то или иное действие, может воскликнуть «Верю!» и полностью погрузиться в игровой процесс, не отягощая себя сомнениями в достоверности происходящих на экране событий. Кроме того, мифология помогает лучше разобраться в сюжетных перипетиях и значительно повышает эмоциональную привязанность игрока к персонажам, который интериоризирует их цели как свои собственные. Так, в большинстве ролевых компьютерных игр в мифологии, проявляющейся в геймплее в виде диалогов, карт, дневников и заданий, кроется причина войн между гильдиями; мифология же объясняет суть и смысл подчас крайне изощренных поручений-квестов и т.д. Зачастую в играх с богатой мифологией возникают конфликты сюжетных линий, противоречащих друг другу. В этом случае, дабы не разочаровывать игроков, крайне болезненно воспринимающих подобные нарушения логики игровой вселенной, выпускаются обновления, обеспечивающие так называемую «ретроактивную преемственность» (англ. retroactive continuity), разъясняющие или нивелирующие эти противоречия. Мифология, способная захватить воображение игроков, становится первым шагом игры на пути к созданию трансмедийного мира, существующего в форме фанфиков, прохождений, форумов, тематических сайтов, созданных как разработчиками, так и фанатами, разнообразных модов и т.д. [1].

Говоря о мифологии в рамках компьютерных игр, стоит упомянуть об одной из уникальных особенностей последних, заключающейся в способности образовывать устойчивые, поразительно долговечные за счет способности к эволюционной динамике, ментальные конструкты, существующие в коллективном сознании игроков, называемые трасмедийными мирами. Философ и культуролог Г. Дженкинс охарактеризовал данные конструкты как «звездный час» [2], как квинт-эссенцию существования истории, являющейся сюжетом фильма, книги или игры. Надо сказать, что все более или менее успешные и продуманные традиционные и спортивные игры имеют способность помогать человеческому сознанию сохранять равновесие с помощью переноса в некую игровую суб-реальность, однако, именно в компьютерных играх, благодаря их способности задействовать практически все органы чувств и скрытые механизмы человеческой психики, данная способность проявляется с наибольшей силой, апофеозом которой становится генерация трансмедийных миров. Обобщая, можно сказать, что эти миры представляют собой перенос вымышленного мира, с его особенностями и населяющими его персонажами и хитросплетениями их взаимоотношений из одной вымышленной среды какого-либо произведения на ряд других. Например, книга комиксов становится основой компьютерной игры или наоборот, причем данный процесс в случае его коммерческого успеха дополняется портированием истории на как можно большее число разнообразных платформ, таких как консоли, телевидение, сувенирная атрибутика и т.п. Причем, что на основании фактически любой ставшей успешной игры производится огромное количество сопутствующих сувенирных товаров, таких как фигурки, футболки, конфеты, комиксы и т.д. Однако, крайне редко в индустрии развлечений встречаются прецеденты создания успешной кинопродукции на основе успешного игрового проекта: к исключениям можно отнести франшизу «Обитель зла» и «Лара Крофт: Расхитительница гробниц». Эксперт в области гейм-дизайна, публицист Г. Голдберг рассматривает этот факт с точки зрения психологии и утверждает, что единожды пройдя игру, самостоятельно управляя аватаром и принимая внутриигровые решения на основании своего опыта, темперамента и склада ума, игрок не может испытывать того же чувства эмпатии, когда видит актера в знакомых по игре ситуациях и локациях. Это происходит потому, что актер действует по-другому, не так, как это делал игрок, а учитывая, что кинематограф - неинтерактивный вид искусства, фильмы просто не могут предоставить зрителям ожидаемый уровень погружения в иную реальность, как то легко делают качественные видеоигры. Примерами эпических финансовых провалов при попытке экранизировать игру может служить выпущенный в 2001 году фильм «Final Fantasy: The Spirits Within», на который было потрачено более 130,0 млн. долларов и который в прокате не окупил даже и половину расходов и заработал разгромную рецензию от «Los Angeles Times», сравнившую главных героев с манекенами в витрине магазина [3]. Что касается обратного процесса превращения фильма в игру, то тут наблюдается гораздо более коммерчески и творчески выверенная ситуация без особых шедевров и феерических провалов [4]. Как правило на выходе издатели получают средний нишевый продукт, востребованный фанатами того или иного фильма, как, например, вышедший в 2016 году фильм «Дэдпул», протагонист в котором знаком публике не только как персонаж компьютерной игры, но и, в значительно большей степени, комиксов.

Трансмедийные миры являются признанием в любви почитателей того или иного произведения его миру и персонажам, сумевшими вызвать у них интерес и пробудить фантазию, результат работы которой и является основой существования подобных миров.

Существование трансмедийных миров можно объяснить превалированием одной из систем сознания, описанных специалистом в области теории кинематографа Т. Гродалем, утверждавшим, что во время просмотра художественных фильмов в сознании зрителя активизируются две системы: «глобальная» система ответственна за понимание зрителем того факта, что происходящее на экране является фикцией, вымыслом, в то время как за счет функционирования другой системы, «локальной», часть сознания переносится в демонстрируемый на экране фантазийный мир. Доктор Дж. Фром, специалист по коммуникативному искусству, утверждает, что такая же дихотомия восприятия в сознании возникает и в процессе геймплея [5].

В мире видеоигр двумя самыми успешными трансмедийными мирами стали игры про водопроводчика Марио и «Pokemon», основной сутью геймплея которой является коллекционирование необычных существ и правильное их воспитание с тем, чтобы они стали эффективными бойцами. На основе этой игры, впервые появившейся на японском рынке в 1996 году, вышли многочисленные фильмы, шоу, игрушки и коллекционные карточки. Но основой ее притягательности является детское увлечение разработчика игры С. Тадзири коллекционированием и классификацией насекомых, а за кажущейся простотой скрывается основанная на принятии продуманных решений игровая механика. Факт существования данного феномена подтверждает как великую власть идей над умами людей и так то, насколько интересным, развитым и изощренным инструментом ухода от реальности может стать воображение. В равной степени это свидетельствует и о том, насколько велика потребность человека время от времени отдаляться или целиком изолироваться от обыденной реальности. Изредка этот побег от реальности к тому же происходит и помимо воли индивидуума или общества: ярчайшим тому примером стала полулегендарная история о том, как 30 октября 1938 года Орсон Уэллс прочел по радио отрывок из романа Г. Уэллса «Война миров», вызвавший панику среди широких слоев населения, принявших научную фантастику за сводку новостей [6]. Этот факт наглядно демонстрирует возможный масштаб последствий сознательного или непроизвольного нивелирования границ между реальностью и вымыслом.

Мифология игрового проекта складывается из описания миров, регионов, локаций, а также отдельных персонажей, с точки зрения значимости которых не последнее место занимают и т.н. «боссы», представляющие собой наиболее сильных противников, с которыми протагонисту приходится вступать в эпические биты, как правило, ближе к завершению уровня. И в контексте оказываемого данными персонажами влияния на восприятие пользователем игрового процесса в целом, необходимо отметить особую важность проектирования битв с ними. Во-первых, в боссах с особой наглядностью должен проявляться принцип соответствия формы и функции, в соответствии с которым все элементы образа персонажа должны нести в себе смысловую и функциональную нагрузку, что избавит образ от надуманности и внутренних противоречий. В противном же случае, битвы с ними будут лишены внутренней логики, что затруднит подбор оптимальной стратегии и снизит удовольствие от геймплея. Во-вторых, как правило, битва с боссом всегда требует ювелирной работы с камерой из-за большой разницы в росте босса и героя. Слишком низкое расположение камеры затрудняет определение расстояния до цели, а слишком высокое преуменьшает значимость про-исходящего на экране. Здесь может помочь приём, при котором герой по геометрии на уровне взбирается все выше и выше, постепенно сравниваясь с уровнем босса, а камера следует за его продвижением. Сражаясь с боссом, игрок всегда действует на пределе своих возможностей, так как ему приходиться не только стараться с большей скоростью и точностью, реализовывать уже приобретенные боевые навыки, но и налету приобретать новые. Основой любой битвы с боссом является задание определенной, подчас и весьма запутанной, закономерности, узнавая которую игрок получит шанс использовать её с пользой и в итоге победить. Кроме того, гейм-дизайнеру надо четко понимать, что именно представляет из себя босс, с кем в его лице сражается герой. Это может быть просто физически развитый противник; гениальный злодей, воплощающий изощренные схемы уничтожения всего и вся; некая глобальная угроза типа вируса, метеорита или нашествия инопланетного разума; кроме того, босс может олицетворять собой все то, что герой боится и ненавидит в себе.

Далее, следует продумать, какую награду получит герой, победив босса. В большинстве случаев простое обогащение за счет победы над боссом не является достойной и достаточной наградой. В соответствии с трудом Джозефа Кэмпбелла «Путь героя», победитель возвращается из путешествия, прежде всего, с обретенным знанием [7]

Также и злодею необходимо дать более развернутую и сложную мотивацию, нежели желание просто так всё разрушить. Поиск подходящей мотивации всегда можно начать с древнего списка из семи самых неприглядных человеческих пороков, среди которых есть и зависть, и жадность, и гнев. Таким образом, битва с боссом из простого препятствия (подчас, колоссальных размеров), мешающего дальнейшему прогрессу героя или стерегущего нужный ему предмет, превратится в осмысленный, нередко с философским подтекстом, поворот игрового сюжета.

Все движения и состояния босса можно расчленить на несколько фаз. Прежде всего, их подразделяют на первичную атаку, задающую некую закономерность движений, подлежащих запоминанию игроком для успешного осуществления ухода из-под удара и проведения контратак. Эта закономерность движений должна быть относительно легкой для запоминания, а, чтобы игровой процесс не был однообразным, ее можно время от времени менять.

Далее следует фаза атаки со стороны босса, когда он сам остается неуязвимым, а игрок вынужден все силы бросить на то, чтобы избежать несовместимых с жизнью повреждений, полученных в результате агрессивных действий босса.

Третьей фазой является уязвимое состояние, когда видимыми и доступными становятся слабые места босса, что позволяет нанести ему наибольший ущерб. Задачей гейм-дизайнера становится проектирование визуально легко определимых точек, на которые и будет направлена атака игрока.

Четвертой фазой, наступающей во время или между остальными этапами, является кратковременная возможность нанести удар, ущерб от которого будет меньше, чем при уязвимого состояния.

Проектируя битву с боссом, важно четко себе представлять её внутренний баланс и гармонично визуализировать распределение усилий противоборствующих сторон, выраженное в попеременном чередовании атак, контратак и уклонений от них. В целом же, в битвах с боссами, зачастую состоящих из нескольких этапов, прослеживается тенденция к динамическому усложнению геймплея по мере его развития. Что касается общей сложности таких сражений, то тут существуют разные подходы. В одних играх битва с боссом требует от игрока столь развитых игровых навыков, что неизбежными становятся многократные безуспешные попытки одолеть противника, прежде чем будет достигнут необходимый уровень навыков в мелкой моторике и скорости реакции. В других играх битва с боссом позиционируется как награда игроку за то, что он прошел весь уровень или всю игру, и, соответственно, весь упор с точки зрения гейм-дизайна делается на то, чтобы битва с боссом приносила игроку только удовольствие, без необходимости скурпулёзно оттачивать каждое свое движение.

Что касается визуальной экспрессии, то тут необходим максимальный уровень драматизма с использованием приёма гиперболизации, так как главной задачей гейм-дизайнера в данном случае будет заставить игрока почувствовать себя героем, совершившим невероятный подвиг, а, следовательно, все аудио-визуальные выразительные средства должны быть направлены на достижение должного уровня эпичности. Тот факт, что большинство подобных битв происходит на круглых аренах или на занимающем всю ширину экрана линейном пространстве, позволяет так настроить работу камеры, чтобы ни один захватывающий кадр не ускользнул от внимания игрока. Зачастую и само место боя постепенно разрушается от ударов босса или игрока, что придает дополнительное ощущение серьезности происходящего. Помимо таких интерактивных объектов как рушащиеся колонны или бьющееся стекло, можно растянуть всю битву на несколько локаций, предварительно продумав, как и зачем игрок и босс будут туда перемещаться. Например, после обрушения перекрытий игра может их направить в погоню друг за другом в горизонтальной или в вертикальной плоскости в сторону находящейся ниже локации. Одной из первых игр, где босс (довольно неповоротливый робот) появляется в локации на несколько мгновений, а потом убегает из нее, стала выпущенная в 1993 году «Gunstar Heroes», разработанная японской компанией «Treasure».

СПИСОК ЛИТЕРАТУРЫ

1. Mitchell B. Game Design Essentials. – John Wiley & Sons, 2012 – С. 46-47
2. http://henryjenkins.org/2011/08/defining_transmedia_further_re. Html
3. Goldberg H. All your base are belong to us. How fifty years of videogames conquered pop culture. – Three Rivers Press, 2011. – С. 218
4. Казакова Н.Ю., Назаров Ю.В. Психология игрового процесса и сценарии игры в гейм-дизайне // Вестник МГХПА. - №4/2014.- С. 370-387
5. Juul J. The art of failure: an essay on the pain of playing video games. – The MIT Press, 2013. – С. 42
6. Dille F., Platten J. The ultimate guide to video game writing and design. – Random House, Inc., New York, 2007. – С. 4
7. Campbell J. The Hero with a Thousand Faces. [Text]. – Harper-Collins E-Books -680 с.

Названова Л.В.
ст. преподаватель кафедры истории ТИ имени А.П. Чехова ФГЮОУ ВО
«РГЭУ (РИНХ)»
Корольчук А.В.
студентка факультета истории и филологии
ТИ имени А.П. Чехова ФГЮОУ ВО «РГЭУ (РИНХ)»

МОДЕРНИЗАЦИОННЫЕ ПРОЦЕССЫ В РОССИИ XVIII ВЕКА И РАЗВИТИЕ ЛИТЕРАТУРЫ: ТРАДИЦИИ И НОВАЦИИ

Вопросы традиций и новаторства в отечественной культуре всегда были спорными и зачастую неразрешенными, а потому актуальными. Анализ отечественной и зарубежной историографии позволяет увидеть усиливающееся внимание к изучению проблемы традиций и новаторства и на ее роль в исторической динамике. Сегодня можно говорить о том, что в трактовке данной темы возникли принципиально новые позиции, более того, она перестала восприниматься как частная, затрагивающая лишь некоторые аспекты исторического развития государства. По словам Н.М. Мухамеджановой, взаимодействие традиций и новаций в культуре «проблема, решение которой в конечном счете определяет успех (или неуспех) модернизации» [1, 153]. О сложности её решения свидетельствует и специфика ее динамического развития. Культурные эпохи бесконечно сменяют друг друга. Меняющаяся реальная действительность порождает и приводит в движение механизмы смены прежних ценностных, жизненных и практических установок современными. То есть «революция сознания», вызванная кардинальными государственными реформами, знаменует рождение новой культурной эпохи.

Возможно, этим объясняется повышенный интерес к проблематике развития культуры в целом и литературы в 18 столетии, в частности. К обсуждению подключились как историки, так и социологи, культурологи и философы. Многие исследователи пришли к убеждению, что именно решение данной проблемы позволит, наконец, приблизиться к постижению самой культуры как специфического явления, к распознанию механизмов ее обновления и преображения [1, 153].

В этом отношении большой научный интерес представляют исследования уже ставших классиками Д.С. Лихачева, Ю.М. Лотмана, Н.И. Пруцкова. Авторы сумели в исторической перспективе показать сам процесс формирования российской литературы со всеми её особенностями на фоне меняющейся реальной действительности [2].

Нельзя не отметить и значимости работ санкт-петербургских историков В. Проскуриной и А. Зорина, поставивших вопросы влияния литературы второй половины XVIII века на формирование государственной идеологии, укрепление власти и Империи в целом [3].

Рассмотрим, как сочетались в литературе традиционные, устоявшиеся образы и формы и те новшества, которые характерны для России XVIII в.

Известно, что традиционная русская литература складывалась веками. За время её существования был выработан своеобразный механизм, препятствующий внедрению новшеств. Это, прежде всего, выработанные столетиями стереотипы «так было всегда», появившиеся запреты, направленные на сохранение целостности и устойчивости существующей культуры. Поэтому в ходе петровской модернизации наблюдается «неприятие» появления иной, чем прежде, светской литературы.

Однако достижения последующей эпохи не образуются на пустом месте. Преемственность является одной из важнейших закономерностей развития как культуры в целом, так и литературы, в частности, и обусловлена она, в конечном счете, самим характером исторического процесса. В то же время в отечественной историографии длительное время была весьма популярной (и устойчивой) мысль о разрыве культуры России эпохи Петра с допетровской. При этом сторонники такой гипотезы ссылались на высказывание А.С. Пушкина о том, что «словесность наша явилась вдруг в XVIII столетии, подобно русскому дворянству, без предков, без родословной» [4, 176]. В этих словах поэта и историка по существу прозвучало отношение литераторов эпохи модернизации к своим предшественникам. И, как отмечает О.М. Гончарова, «... хотя это суждение было рождено в контексте полемики «архаистов» и «новаторов», но именно оно стало со временем общим для русского читателя» [5, 129]. Появившееся несколько позже утверждение В. Г. Белинского, что литература XVIII века – это «пересадное растение», выписанное «по почте из Европы», стало критерием для её оценки [5, 129].

Вместе с тем научные изыскания ведущего ученого XX в. Д. С. Лихачева наглядно демонстрируют, как на протяжении нескольких эпох шел параллельный процесс «европеизации», освоения культурных и эстетических ценностей Запада и формирования самобытной русской культуры Нового времени, а вместе с ней и литературы, обусловленный своеобразием исторического пути России. Ученый ставит вопрос о преемственности между «древней» и «новой» русской литературой. Он считает возможным проследить значение и роль некоторых устойчивых традиций русской литературы для XVIII в., когда стремительная и решительная модернизация государства объективно требовала преобразования литературы, «ломки ее идейного, жанрового и тематического облика» [6, 34]. Что же сохранилось и что получило дальнейшее развитие? В рамках данной статьи не представляется возможным обозначить все элементы традиционности и новаторства. Остановимся лишь на некоторых.

Во-первых, традиционное представление о высокой общественной роли литературы. В новых условиях она также способствовала патриотическому воспитанию, формированию национального самосознания русских людей. Поколение литераторов 18 столетия (Феофан Прокопович и Антиох Кантемир, Ломоносов и Сумароков, Фонвизин и Державин, Радищев, Карамзин и др.), создавая в иной исторической ситуации свои произведения, не только знали истоки своей словесности, но и использовали сюжеты, темы и идеи древнерусских авторов. Поэтому общественное значение русской литературы, обусловленное самой действительностью и историческими обстоятельствами, безусловно, усиливалось и расширялось.

Во-вторых, литература в определенной степени (в большей или меньшей) служила своеобразным инструментом создания и укрепления социальной базы государства в обществе. Отличительной чертой правления Петра I, как и Екатерины II, было стремление использовать литературу для нужд государства. Оба государственных деятеля проявляли практический интерес к литературе, приближая к себе талантливых писателей. Петр I – Феофана Прокоповича и Фёдора Салтыкова; Екатерина II – Дениса Фонвизина, Гавриила Державина и многих других.

В-третьих, если для средневековой литературы характерно преобладание традиционности, являвшейся исторически необходимым условием формирования национальной литературы, то со временем происходит «освобождение» от традиционности. Так, уже с конца XIV в. наблюдается интерес к личности, к внутреннему миру героев произведений. Читателей интересует также биография писателя, личность автора, его мировоззренческие установки. В XVI в. появляются произведения уже биографического характера, содержащие представления о человеческом характере. Одним из первых опытов создания литературы такого плана стало «Житие» протопопа Аввакума. В эпоху модернизации в традиционном интересе к личности возникают новые аспекты, но уже связанные непосредственно с «органическим усвоением» ею просветительских идей, концепции просвещенного абсолютизма, с её идеями и деяниями по формированию справедливого общества, совершенствованию государственного устройства, создания государства для человека. В литературных произведениях этого времени звучит не только критика существующего строя (Н.И. Новиков – «Они работают, а вы их труд ядите...»), но и призыв к необходимости его кардинального изменения (А.Н. Радищев – «Путешествие из Петербурга в Москву»).

В-четвертых, процессы «европеизации», обусловленные глобальной модернизацией России в XVIII в., не были однобокими. На фоне освоения европейского опыта шел и процесс формирования национально-самобытна общественно-политической и эстетической мысли. Отныне русский писатель, являясь её выразителем (через свои произведения), выступал в роли гражданина, пытавшегося «учить»общество и «учить» царствовать очередного монарха. Одним из следствий этого «поучения» стали ростки политического сознания общества. Наиболее «думающие» представители формирующейся российской интеллигенции будут «… предлагать проекты конституций, государственного переустройства, быть в оппозиции к власти. Этот процесс начнется в 30-е годы 18-го столетия и продолжится в последующие времена» [7, 30]. Итак, наряду с самобытностью, светскостью и т.д., особенностью русской литературы XVIII в. стала её публицистичность и «учительство».

Литература:

1. Мухамеджанова Н.М. Специфика взаимодействия традиций и новаций в российской культуре в периоды модернизационных преобразований //Вестник ОГУ. - 2006. - № 7.

2. Лихачев Д.С. Принцип историзма в изучении литературы / Очерки по философии художественного творчества. – СПб: Блиц, 1999. - С. 109 - 134. URL:http://www.lihachev.ru/pic/site/files/fulltext/ocherk_po_philos/11.pdf; Лотман Ю. М. История и типология русской культуры. URL: http://www.historicus.ru/Lotman_Istoriya_i_tipologiya_russkoi_kulturi/; Пруцков. Н. И. Древнерусская литература. Литература XVIII века. URL:http://www.xliby.ru/istorija/drevnerusskaja_literatura_literatura_xviii_veka/index.php

3. В. Проскурина. Мифы империи. Литература и власть в эпоху Екатерины II. М., 2006; А. Зорин. Кормя двуглавого орла … Литература и государственная идеология в России в последней трети XVIII – первой трети XIX века. М. 2004.

4. Пушкин А.С. Мысли о литературе. М., 1988.

5. Гончарова О.М. Национальные традиции в инновационных текстовых моделях русской литературы XVIII века. С. 129. URL: http://lib.herzen.spb.ru/media/magazines/contents/1/4%287%29/goncharova_7_129_144.pdf

6. Лихачев Д.С. Своеобразие исторического пути русской литературы Х-XVII веков. // Русская литература.- 1972.- № 2.

7. Названова Л.В. Модернизационные процессы в России и политическое сознание русского общества. //Наука в современном информационном обществе. ScienceinthemoderninformationsocietyV.Vol 2. Spc Akademic. North Charleston? USA. 2015.

Названова Л.В.
старш. преподаватель кафедры истории Таганрогского института имени
А.П. Чехова (филиал) «РГЭУ (РИНХ)»
Шеверева Ю.И., Якимец М.С.
студенты факультета истории и филологии,
ТИ имени А.П. Чехова (филиал) «РГЭУ (РИНХ)»

ТРАДИЦИИ ДОНСКОГО КАЗАЧЕСТВА В КОНТЕКСТЕ ИСТОРИЧЕСКОГО ВРЕМЕНИ

События, происходящие сегодня в мире, мало кого оставляют равнодушными. Вновь, в который раз перекраивается политическая карта мира, при этом предается забвению история целых народов, уничтожается их экономика, духовные ценности, культура. В этой связи ещё более актуальным становится напоминание Н.М. Карамзина о том, что «история – священная книга народа», которую мы обязаны беречь и сохранить для потомков. Сохранение исторической памяти – это изучение составляющих истории и, в частности, культуры, которой присуща не только познавательная, но и нравственно-воспитательная функция. Тем более, когда речь о таком многонациональном государстве как Россия.

Возрождение казачества и определение его исторического места и современной роли в системе нашего государства требует изучения всех аспектов его истории, в том числе и культуры. По справедливому замечанию донского историка А.А. Волвенко, сегодня «казачья политика» «... тесным образом может быть связана с национальной и даже внешней политикой» [1].

Появившийся в последние десятилетия солидный публикационный массив по истории казачества свидетельствуют о глубоком научном интересе отечественных историков к проблеме. В этом отношении заслуживают внимания работы историков М.А. Рыбловой, А.П. Скорика и др. [2], поставивших своей целью выявить традиционные начала культуры донского казачества и проанализировать их трансформацию в советскую культуру. Несмотря на различия в подходах, взглядах, суждениях, мнениях на проблему казачества, всех их объединяет попытка дать ему достойную оценку.

В данной статье авторы акцентируют внимание лишь на некоторых элементах казачьих традиций и делают попытку воспроизвести их с помощью устных источников, полученных в ходе опросов респондентов: атамана таганрогского казачьего общества С.И. Чаленко и представительницы казачьей культуры, ныне жительницы г. Таганрога Л.Я. Рудовой [3]. Они представляют уникальную ценность, так как являются живым свидетельством одной из страниц нашей истории. Историческое интервью «... позволяет проникнуть в тот мир, с которым респондент встречался и встречается каждый день, найти путь к изучению взаимодействия людей в человеческом мире...» [4, 2].

В первые годы советской власти, в ходе коллективизации подверглись разрушению многие традиционные элементы культуры и быта казачества: сословность, утрата элементов самоуправления, запрет на казачьи традиции, закрытие церквей, уничтожение святых мощей, гонения на религиозные праздники. То есть, традиционная казачья культура подверглась мощным трансформациям, унификации и оказались утраченными многие ее элементы. Как отмечает М.А. Рыблова, было «разрушено большинство каналов трансляции традиций».

Однако сохранившиеся документы, в том числе и устные источники, позволяют сделать вывод о том, что всё же отдельные элементы традиций казаков смогли сохранить свою самобытность на уровне семейной жизни. Для казачьей культуры особую значимость имела православная вера. По словам одного из респондентов, «молитва для казака – помощник в бою, на свадьбе, при рождении ребенка. Но политика, осуществлявшаяся многие десятилетия большевиками («религия - опиум для народа») не могла не сыграть своей негативной роли в развитии казачьей этнической общности. Дети не знали веры, а значит и утрачивали своё значение и традиции связанные с ней» [5].

По воспоминаниям Любови Яковлевны Рудовой, казачки и хранительницы казачьих традиций, родившейся в семье потомственных казаков, её дед был грамотным казаком, выписывавшим журналы как политические так и художественные, имевшим, собрания сочинений А.С. Пушкина, Ф.М. Достоевского, С.А. Есенина и др. С юных лет она воспитывалась на уважении и почитании культурных ценностей казачества. Респондент рассказала о религиозных праздниках, которые, несмотря на запреты, традиционно отмечались казаками: Рождество Христово, Обрезание Господне, Крещение, Пасха, Троица, Медовый и Яблочный спас. Л.В. Рудова, акцентирует внимание на тот факт, что «никто не афишировал, что не отмечает советские праздники», как и то, «что отмечают религиозные праздники» [6].

Другой респондент С.И. Чаленко вспоминал, что «... приходилось скрывать от общественности не только походы в церковь на службу, но и свою принадлежность к казачеству. И все же, несмотря на это, казачья культура продолжала существовать, развиваться, трансформироваться, сливаться с советской... Казачьи традиции переходили в советскую культуру: одни латентно, другие – открыто...» [6]. Определенным рубежом в изменении отношения к казачьей культуре можно считать появление «Тихого Дона» М.А. Шолохова. С.И. Чаленко отмечает, что публикация произведения «... сняла табу с казаков, постепенно в моду входили качзачьи песни, одежда (сарафаны, цветные платки)...». В повседневной жизни казаков стали возрождаться прежние традиции. Женщины соблюдали традиционные календарные и религиозные праздники. Возродились праздничные гуляния – проводы казаков в армию. На проводах обязательным было присутствие скоморохов, ряженых... Родственники давали казакам наказы...» [7].

Одной из причин такого процесса следует назвать вынужденную меру советской власти – политику формирования «советского казачества». В результате проведенной «компании» в 30-е гг.XX века в станицах Дона, болезненно прошедших через процессы коллективизации, возникло своеобразное сочетание традиционных компонентов казачьей культуры и новаций, то есть советской культуры. Этот процесс наблюдался на протяжении всего XX века. При этом сочетание казачьих традиций и советской культуры было то ограниченным, то наглядно эклектичным.

Анализ научных исследований, устных источников позволяет составить определенную картину видения истории культуры казачества в целом и отдельных её аспектов: во-первых, до 1917 г. – наблюдается её рост и расширение содержания; во-вторых, с 1917 г. – гонения на казачество и его культуру; в-третьих, с 1930-х гг. – происходит своеобразный синкретизм казачьей и советской культур.

Литература

1. Волвенко А.А. Российская власть и донское казачество во II пол. XIX-нач. XX // Казачество XV-XXI. вв. http: //www.cossackdom.com/articles/v/vovlenko_vlast.htm

2. Рыблова М.А. Календарные праздники донских казаков / М. А. Рыблова. - Волгоград. 2014; Скорик А.П. Многоликост казачества Юга России в 1930-е годы: Очерки истории. - Ростов-на-Дону. 2008 и др.

3. Рудова Л.Я. Воспоминания; Чаленко С.И. О традициях и новациях культуры донского казачества. // Архив Центра устной истории кафедры истории ТИ имени А.П. Чехова (филиал) ФГБОУ ВО «РГЭУ (РИНХ)».

4. Агеева В.А., Мерзляков М.П. Повседневная жизнь населения Юга России в годы Великой Отечественной войны: перспективы изучения через призму эго-источников. // Актуальные проблемы историко-краеведческих исследований: сб. статей /под ред. *Е.Ю. Болотовой, А.С. Лапшина, А.В. Липатова.* Волгоград: Краснослободск ИП Головченко Е.А., 2015.

5. Чаленко С.И. О традициях и новациях культуры донского казачества. // Архив Центра устной истории кафедры истории ТИ имени А.П. Чехова (филиал) ФГБОУ ВО «РГЭУ (РИНХ)».

6. Рудова Л.Я. Воспоминания. //Архив Центра устной истории кафедры истории ТИ имени А.П. Чехова (филиал) ФГБОУ ВО «РГЭУ (РИНХ)».

7. Чаленко С. О традициях и новациях культуры донского казачества. // Архив Центра устной истории кафедры истории ТИ имени А.П. Чехова (филиал) ФГБОУ ВО «РГЭУ (РИНХ)».

Лебеденко А.А.

д.м.н., заведующий кафедрой детских болезней №2 ГБОУ ВПО РостГМУ
Минздрава России, e-mail: leb.rost@rambler.ru

РЕТРОСПЕКТИВНАЯ ОЦЕНКА ИСПОЛЬЗОВАНИЯ ПРЕПАРАТОВ ДЛЯ ЛЕЧЕНИЯ БРОНХИАЛЬНОЙ АСТМЫ У ДЕТЕЙ

Бронхиальная астма (БА) является одним из наиболее важных заболеваний в детской аллергологии [1,2,3]. Это связано как с высокой частотой её встречаемости, так с трудностями ее терапии [4,5,6,7]. Именно адекватная терапия способствует достижению контроля над БА. Достижение контроля над БА необходимо для улучшения качества жизни пациентов, а также профилактики развития возможных осложнений [8,9,10,11,12,13,14,15,16]. Однако, ряд исследований показал, что подбор лекарственных препаратов не всегда оптимален [17,18].

Цель исследования: ретроспективный анализ применения лекарственных средств у детей с БА.

Материалы и методы: было проанализировано 526 историй развития детей, страдающих БА не менее 10 лет. Сравнивались подходы в терапии за 10-летний промежуток времени.

Результаты исследования. Анализ применения лекарственных средств при БА у детей позволил установить, что прошедшее десятилетие характеризовалось снижением частоты использования кромонов с 30,93% до 26,96% при легком течении заболевания. В то же время в 3,5 раза возросла частота использования ингаляционных глюкокортикостероидов (ИГКС). Также изменились приоритеты врачей в выборе конкретного ИГКС в пользу флутиказона (59,96%), частота назначения которого возросла почти в 50 раз. Выявлено, что если 10 лет назад антагонисты лейкотриеновых рецепторов в лечении астмы не применялись, то затем их роль значительно возросла. Чаще всего монтелукаст назначался совместно с ИГКС (12,11%), чем в виде монотерапии (3,91%). Выбор противовоспалительных средств при среднетяжелой астме претерпел кардинальные положительные изменения. Так, более 10 лет назад препараты ИГКС применялись только у четверти пациентов со среднетяжелой астмой, причем в большинстве случаев это был беклометазон (23,26%), а чаще использовались кромоны. В дальнейшем произошел полный отказ от применения кромонов. Всем пациентам в качестве стартовой терапии назначались ИГКС. В структуре потребления ИГКС при среднетяжелой астме преобладал флутиказон (69,92%), вторую позицию по частоте назначений занял будесонид (25,00%), а третью — беклометазон (10,94%). У 41,02% пациентов со среднетяжелой астмой в лечении использовали комбинированные препараты ИГКС и пролонгированных β_2 –агонистов. Изменилась реальная клиническая практика в использовании антагонистов лейкотриеновых рецепторов, во всех случаях они использовались только совместно с ИГКС. Самой трудной проблемой является курабельность тяжелой астмы. Десятилетие назад наиболее широко применяемыми препаратами при тяжелом течении БА были ИГКС и предпочтение отдавалось беклометазону (69,54%) и флутиказону (47,72%). Однако обращала на себя внимание очень высокая частота использования в лечении пациентов с тяжелой астмой кромонов, применение которых при этой степени тяжести заболевания согласительными документами совсем не предусмотрено. За истекшее десятилетие лидирующее положение в терапии тяжелой астмы заняли комбинированные препараты (ИГКС + дюрантные β^2–агонисты), которые применялись в 80,08% случаев, причем чаще всего использовался флутиказон/сальметерол (66,02%). Комбинированные препараты прежде всего использовались в качестве стартовой терапии (70,73%) тяжелой астмы и, реже, как средство усиления терапии при неэффективности лечения ИГКС (29,27%). Достаточно часто при тяжелой астме стали использовать антагонисты лейкотриеновых рецепторов (30,08%). Кардинальное изменение тактики лечения тяжелой астмы привело к тому, что системные стероиды стали применяться при тяжелых обострениях заболевания редко (8,39%).

Заключение. Рациональное использование медикаментов в качестве базисной противовоспалительной терапии БА у детей привело к достижению контроля над заболеванием и резкому уменьшению частоты использования системных стероидов.

Список литературы:

1. Национальная программа «Бронхиальная астма у детей. Стратегия лечения и профилактика». 4-е изд., перераб. и доп. М.: 2013: 184.
2. Лебеденко А.А. Клинико-фармакоэпидемиологический мониторинг и прогнозирование течения бронхиальной астмы у детей: дис. доктора мед. наук: Ростов-на-Дону, 2012. – 272 с.
3. Намазова Л.С., Вознесенская Н.И., Торшхоева Р.М. Эпидемиология и профилактика аллергических болезней на современном этапе// Вопросы современной педиатрии.- 2004.- т.3, №4.- С.66-70.
4. Петров В.И., Смоленов И.В., Фассахов Р.С., Сосонная Н.А., Астафьева Н.Г., Богоутдинова О.В., Бычковская С.В., Голосова Т.Г., Демиденко К.В., Дубина Д.Ш., Жесткова В.В., Зима Ю.Ю., Коростовцев Д.С., Лебеденко А.А., Ли Т.С., Липина В.Р., Мартыненко Т.И., Огородова Л.М., Петровская Ю.А., Рачина С.А. и др. Фармакоэпидемиология лекарственных средств, применяемых для лечения аллергического ринита у детей: результаты многоцентрового ретроспективного исследования // Клиническая фармакология и терапия. – 2003. – Т. 12. – № 2. – С. 54–58.

5. Лебеденко А.А., Семерник О.Е. Нейрогуморальные аспекты обострения бронхиальной астмы у детей // Пульмонология. – 2013. – № 5. – С. 36–39.

6. Лебеденко А.А., Мальцев С.В. Эффективность использования фенспирида (эреспал) при обострении бронхиальной астмы у детей // Вестник оториноларингологии. – 2011. – № 4. – С. 66–67.

7. Лебеденко А.А., Семерник О.Е. Оптимизация бронхолитической терапии у детей с обострением бронхиальной астмы с учетом риска развития кардиогемодинамических нарушений //Экспериментальная и клиническая фармакология. -2015.- Т. 78. № 7. -С. 7-11.

8. Лебеденко А.А., Тараканова Т.Д. Особенности вегетативного статуса у детей с бронхиальной астмой // Фундаментальные исследования. – 2011. – № 11-1. – С. 57–59.

9. Семерник О.Е., Демьяненко А.В., Семерник И.В., Лебеденко А.А. Проектирование прибора для диагностики бронхиальной астмы у детей раннего возраста// Сборник научных трудов по итогам международной научно-практической конференции – Самара. - 2015. - С. 136-138.

10. Семерник О.Е., Демьяненко А.В., Семерник И.В., Лебеденко А.А. Определение рабочей частоты прибора для диагностики бронхиальной астмы у детей// В сборнике: Фундаментальные и прикладные науки сегодня Материалы V международной научно-практической конференции. - North Charleston, SC, USA. - 2015. - С. 47.

11. Лебеденко А.А., Тараканова Т.Д., Козырева Т.Б., Касьян М.С., Носова Е.В., Мальцев С.В., Тюрина Е.Б., Семерник О.Е. Спектральный анализ вариабельности сердечного ритма – новый взгляд на проблему вегетативной дисфункции у детей с бронхиальной астмой // Медицинский вестник Юга России. – 2013. – № 1. – С. 37–41.

12. Семерник О.Е., Тараканова Т.Д., Лебеденко А.А. Кардиогемодинамика у подростков с бронхиальной астмой// Цитокины и воспаление.- 2012. -Т. 11.- № 3. - С. 92.

13. Семерник О.Е., Лебеденко А.А. Особенности вегетативного реагирования у детей с бронхиальной астмой в периоде обострения заболевания //Вестник Российской академии медицинских наук. - 2015. - Т. 70. № 2. - С. 222-226.

14. Тараканова Т.Д., Лебеденко А.А., Бойко А.Ю., Иванова О.Е., Горшова Е.И. Нейроадаптивная коррекция вегетативных и кардиовасулярных нарушений у детей с острыми пневмониями // Бюллетень Восточно-Сибирского научного центра Сибирского отделения Российской академии медицинских наук. - 2007. - № 3. - С. 116-117.

15. Лебеденко А.А., Тараканова Т.Д., Семерник О.Е. Состояние систолической и диастолической функции сердца у подростков с бронхиальной астмой в периоде обострения// Медицинский вестник Северного Кавказа. - 2015.- Т. 10. № 3. - С. 217-221.

16. Семерник О.Е., Тараканова Т.Д., Лебеденко А.А. Кардиогемодинамичесие предпосылки ремоделирования миокарда у детей с бронхиальной астмой// Валеология. -2013.- № 1. -С. 48-54.

17. Лебеденко А.А. Современные особенности диагностики и наблюдения за детьми с бронхиальной астмой в условиях крупного города// Российская оториноларингология.- 2010.- № 6. - С. 39-45.

18. Лебеденко А.А. Эволюция применения глюкокортикостероидов при бронхиальной астме у детей за 10-летний период времени // Фундаментальные исследования. – 2011. – № 2. – С. 90–97.

Темкин. Э.С. , Дорожкина Л.Г. , Зайцева.А.В , Назин. Р.И.
Волгоградский государственный медицинский университет, кафедра терапевтической стоматологии ВолгГМУ.
Стоматологическая клиника «Премьер»

СОВРЕМЕННЫЕ АСПЕКТЫ ЛЕЧЕНИЯ ПАЦИЕНТОВ СТРАДАЮЩИХ БРУКСИЗМОМ

Резюме: повреждение нейромышечного комплекса зубочелюстной системы приводит к серьезным функциональным нарушениям. При протезировании на имплантатах у пациентов с парафункцией жевательной мышцы не всегда возможно применение стандартных несъемных конструкций. Мы предлагаем при протезировании на имплантатах и бруксизме восстанавливать жевательную эффективность несъемными зубными протезами из PEEK (полиэфирэфиркетон) материала .

Ключевые слова: парафункция жевательной мышцы, PEEK материал, протезирование на имплантатах, бруксизм.

Temkin.E.S , Dorozhkina. L.G , Zaitseva. A.V , Nazin. R.I ;

MODERN ASPECTS OF TREATMENT OF PATIENTS SUFFERING FROM BRUXISM.

Summary: Neuromuscular disorders of the dental system leads to serious functional impairment. In patients with masseter muscle parafunction it is not always possible to use the typical non-removable constructions while the prosthesis on implants procedures. For restoring chewing efficiency in patients with bruxism we offer to use non-removable dentures from the PEEK material while prosthesis on implants procedures.

Keywords: masseter muscle parafunction, PEEK material, prosthesis on implants, bruxism.

Введение:

Бруксизм – это неконтролируемое состояние и его последствия разрушительны для зубочелюстного аппарата. Происходят дистрофические изменения мускулатуры жевательного аппарата, неравномерное стирание твердых тканей зубов, функциональная перегрузка пародонта и как следствие воспаление в периодонтальных тканях, расшатывание и выпадение зубов, дисфункция височно-нижнечелюстного сустава.[3]

Чтобы стабилизировать данное состояние необходимо не только тщательное планирование будущей конструкции протеза, но и комплексное лечение совместно с такими специалистами как психолог, невролог, отоларинголог, гастроэнтеролг .

Правильное окклюзионное взаимоотношение, отсутствие супроконтактов, необходимая реабилитация, соблюдение всех этих факторов гарантирует качественное протезирование.[1]

Цель:

Сохранение стабильного состояния зубов и имплантатов при бруксизме после протезирования, восстановление жевательной эффективности в полном объеме. При помощи ортопедических конструкций гасить нежелательную нагрузку на имплантаты и тканях пародонта.

Материалы и методы:

Чтобы избежать сколов нередко возникающих при протезировании металлокерамикой , было принято решение изготовить протез на верхнюю челюсть из PEEK материала с полной окклюзионной анатомией. А такое свойство как изоилостичность будет компенсировать нежелательную нагрузку на имплантаты. Еще большое значение на верхней челюсти имеет разница в весе между PEEK и металлокерамикой. Если дуга из PEEK весит в среднем 10 грамм, то металлокерамическая дуга весит 80-90 грамм и такой протез неэффективен в данном случае.

Клинический случай:

Пациент С., обратился с жалобами на частичное отсутствие зубов, патологию твердых тканей ,эстетическую неудовлетворенность и затрудненное пережевывание пищи. В ходе сбора анамнеза было выявлено, что пациент страдает бруксизмом и что ранее пациенту был изготовлен частичный съемный пластиночный протез на верхнюю челюсть к которому он не смог адаптироваться.

Имплантаты поставлены в области зубов 1.5, 1.7, 2.4, 2.5, 2.7 и два крылочелюстных имплантата. На нижней челюсти имплантаты поставлены в области зубов 3.6, 4.6, 4.7. На период интеграции были изготовлены временные мостовидные протезы.

После интеграции имплантатов пациенту изготовили на верхнюю челюсть протез из PEEK материала с полной анатомией жевательных зубов и режущего края с композитными фасетками от 1.5 до 2.5 зубов.[Рис. 3,4,5,6] На нижнюю челюсть были изготовлены металлокерамические коронки. [Рис. 7,8]

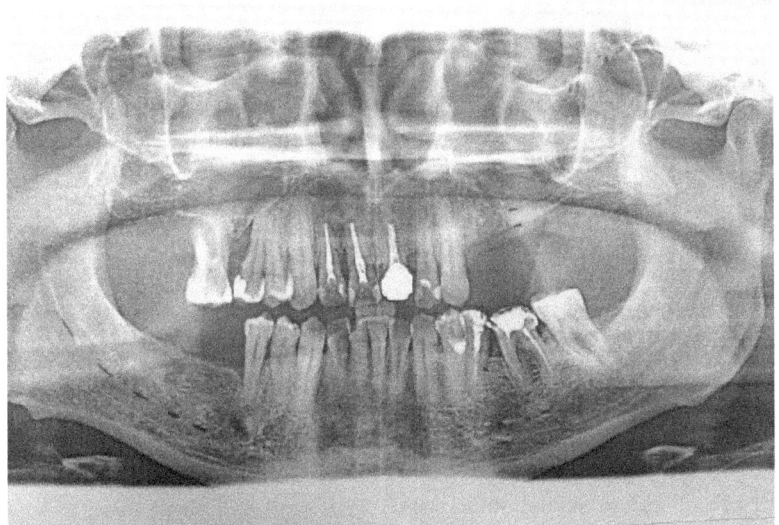

Рис.1. ОПГ до имплантации.

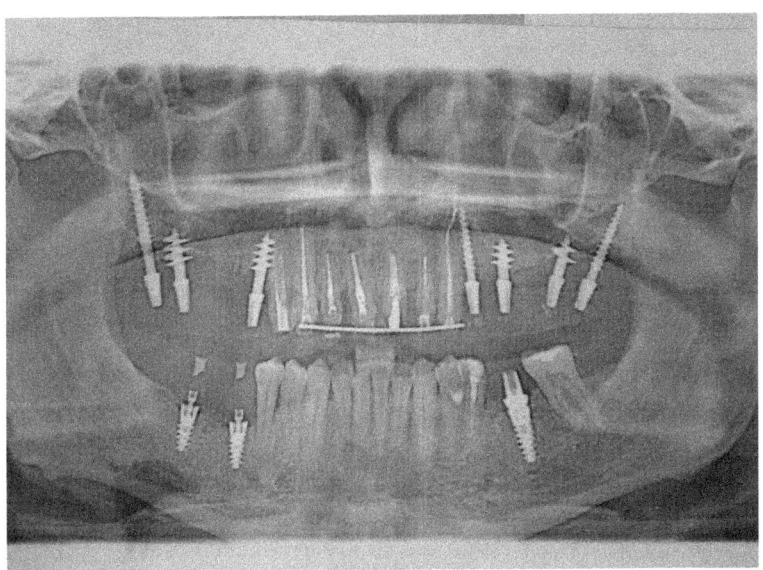

Рис.2.ОПГ после интеграции имплантатов.

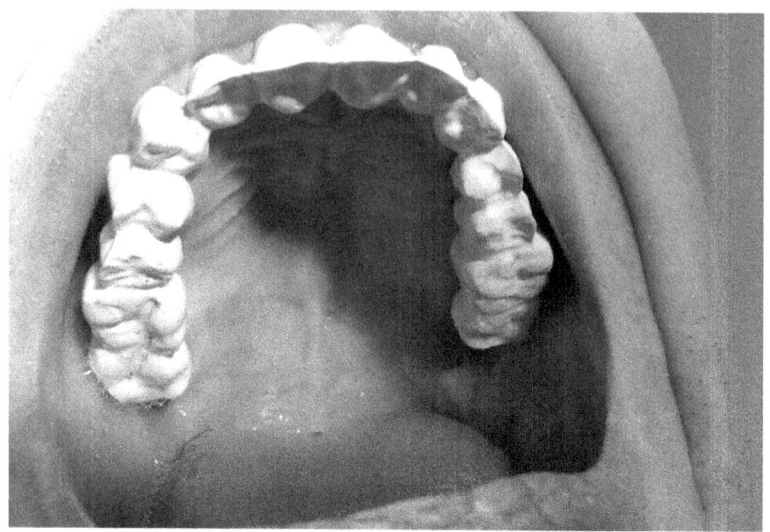

Рис.3. PEEK каркас на верхнюю челюсть

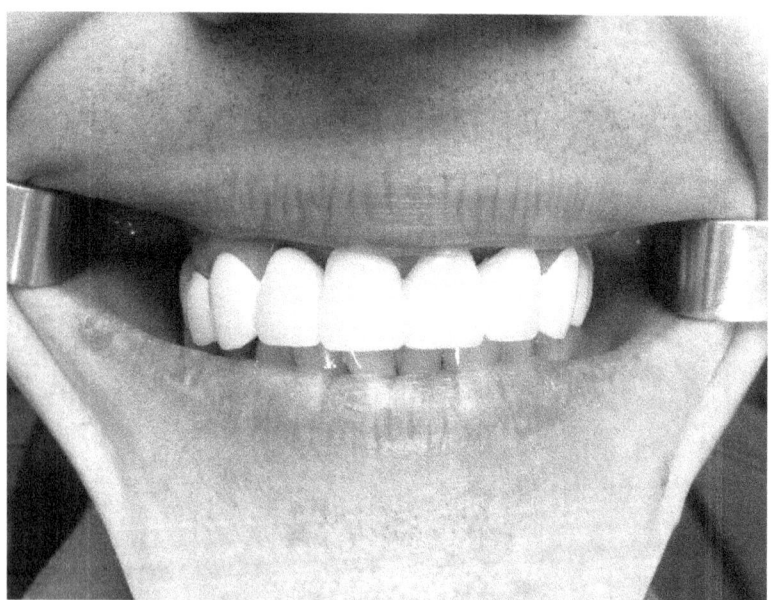

Рис.4. PEEK каркас на верней челюсти с композитной облицовкой.

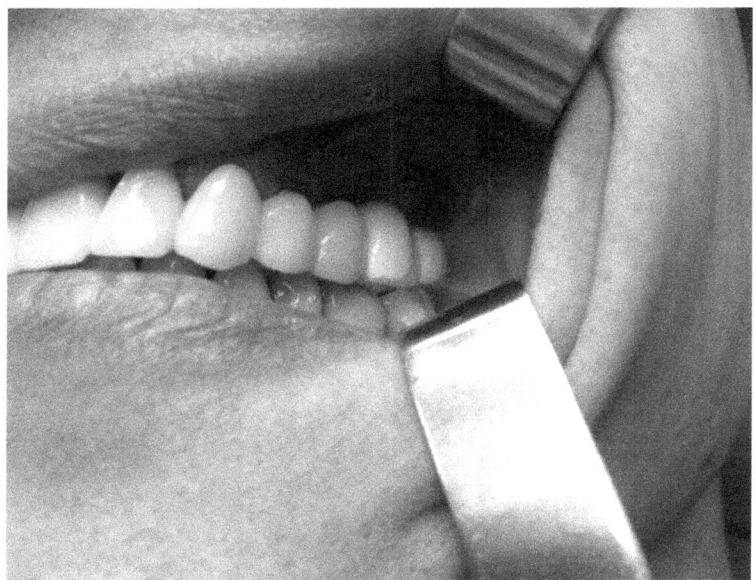

Рис.5. PEEK каркас на верней челюсти с композитной облицовкой.

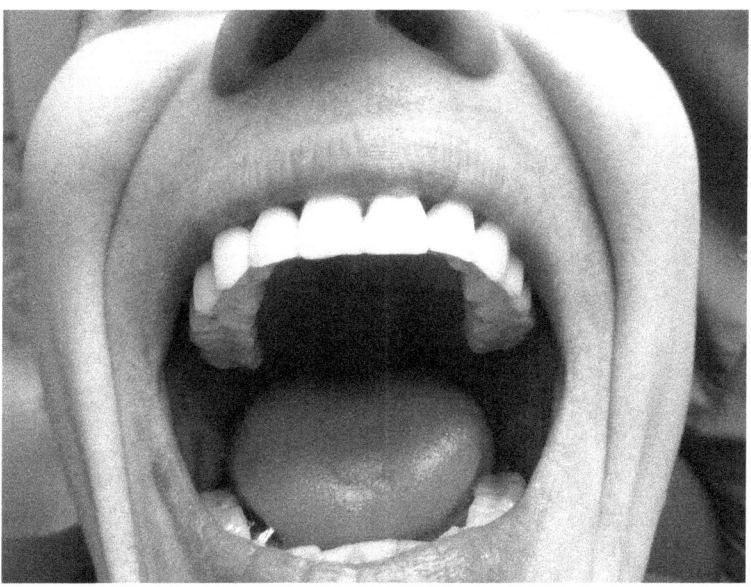

Рис.6. PEEK каркас на верней челюсти с композитной облицовкой.

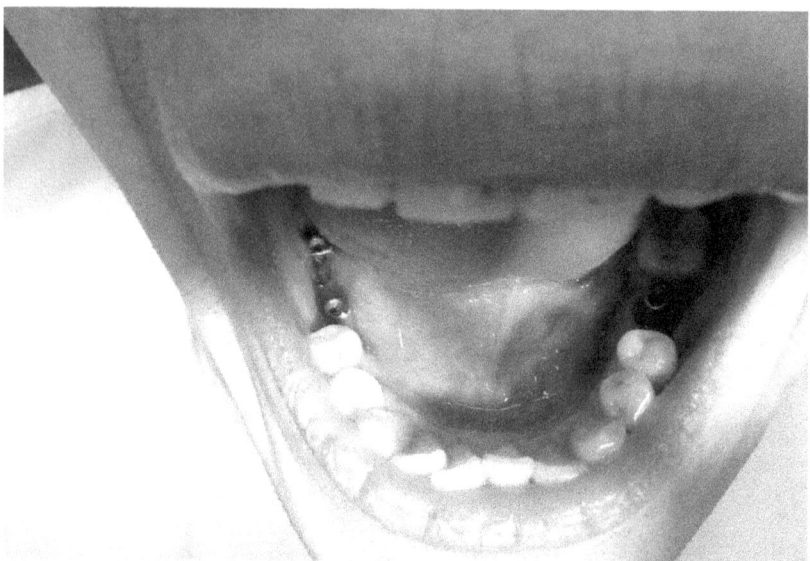

Рис.7. Индивидуальные абатменты в области 3.6,4.6,4.7

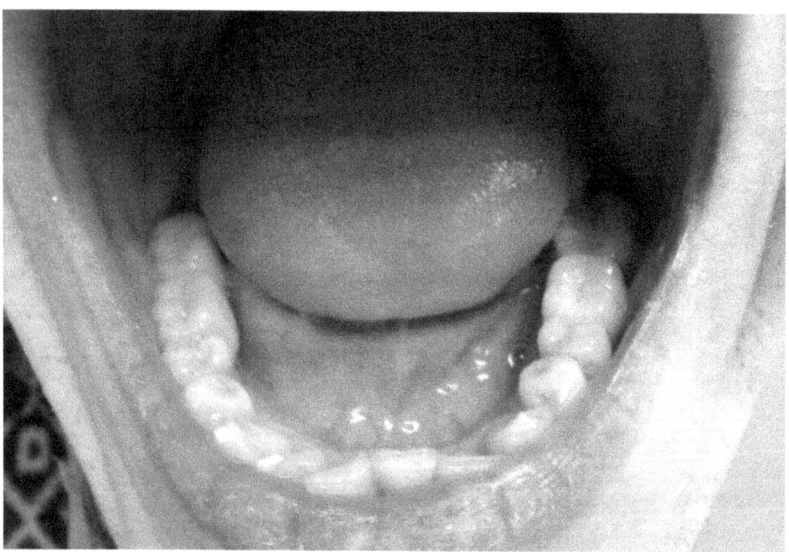

Рис.8. Металлокерамические коронки на нижнюю челюсть в области 3.6,4.6,4.7

Заключение:

PEEK является хорошей альтернативой для протезирования пациентов с бруксизмом. Лечение таких пациентов должно быть направлено, по возможности, на устранение причин и на минимизацию осложнений после протезирования. За счет своих свойств этот материал позволяет нам избежать многих проблем после протезирования.

Список литературы:

1.Брокар Д, Лалюк Ж.Ф, Кнеллесен К. Бруксизм. М. 2009; 89с.

2.Идэ & Идэ «Руководство по восстановлению жевательной функции». The International Implant Foundation, Мюнхен, Германия, 2015.

3.Бунина М. А. Патогенетические особенности проявления бруксизма у больных с окклюзионными нарушениями зубных рядов. Современная стоматология. 2000, № 2. С. 13-17. 2.

4.Гайдарова Т. А. Механизм формирования и патогенетические принципы лечения бруксизма. Диссертация на соискание доктора мед. наук. Иркутск, 2003.

5.Manfredini D, Lobbezoo F. Role of psychosocial factors in the etiology of bruxism. J Orofac Pain 2009; 23:153-66

6. Lobbezoo F, Van der Zaag J, Van Seims MKA, Hamburger HL, Naeije M. Principles for the management of bruxism. J Oral Rehabil 2008; 35: 509-23.

Коробков Д.М., Усанова А.А.
ФГБОУ ВО «НИ МГУ имени Н.П. Огарева», г. Саранск

ОЦЕНКА ВЛИЯНИЯ ФАКТОРОВ РИСКА
ПРИ МЕТАБОЛИЧЕСКОМ СИНДРОМЕ

Ишемическая болезнь сердца (ИБС) в настоящее время занимает одно из лидирующих мест по инвалидизации и смертности населения в экономически развитых странах [1,23;2,17;3,34]. Российская Федерация по уровню смертности от сердечно-сосудистых заболеваний находится в первой пятерке (по данным Росстата за 2015 год заболеваемость болезнями кровообращения составила 4 578 тысяч человек) [4,45].

Метаболический синдром (МС) является одной из актуальных медико-социальных проблем, а его компоненты одним из ведущих факторов в развитии таких заболеваний как ИБС и сахарный диабет (СД) 2 типа – заболеваний, которые на сегодняшний день являются основными причинами повышения смертности населения.

Возросший интерес врачей к МС обусловлен, прежде всего, широким распространением, которое составляет по данным различных авторов, от 6 до 25% в Российской Федерации. Следует отметить, что частота выявления МС нарастает с возрастом, и у обследованных пациентов 40-50 лет составляет 42-48%, а у пациентов более старшей возрастной группы частота МС достигает более 50%, причем у женщин он встречается в 2,5 раза чаще, чем у мужчин.

Учитывая то, что патогенез МС носит сложный и многокомпонентный характер, ведущая роль в нем отводится атерогенной дислипидемии [6,18;7,1213]. В свою очередь повышенные показатели триглицеридов (ТГ) и низкая концентрация холестерина (ХС) липопротеидов высокой плотности (ЛВП) являются факторами риска ишемической болезни.

Цель. Оценка МС как фактора, влияющего на прогноз пациентов, и риск возникновения сердечно-сосудистых осложнений.

Материалы и методы. В исследовании приняли участие 56 пациентов пожилого возраста (от 60 до 74 лет) и 15 пациентов среднего возраста (от 45 до 60 лет), проходивших лечение по поводу ИБС на базе кардиологического отделения ГБУЗ РМ «МРКБ» г. Саранск в 2014-2015 гг. Они были разделены на 2 - группы: в 1-ую группу вошли пациенты пожилого возраста с МС; во 2-ую группу вошли пациенты пожилого возраста, но без МС; Среди пациентов в возрасте от 60 до 74 лет преобладали женщины в основной группе, а группе сравнения мужчины.

Обследованные больные длительно наблюдались у кардиолога по поводу ИБС, и диагноз у них был установлен на основании тщательного амбулаторного и стационарного обследования. Из сопутствующих хронических заболеваний в исследуемых группах наиболее часто преобладали следующие заболевания: остеоартроз – 23%, тромбофлебит нижних конечностей – 22%, хронический пиелонефрит – 11 %, язвенная болезнь желудка – 7%, хронический бронхит – 9%, ревматоидный артрит – 1%.

Всем больным было произведено измерение антропометрических показателей, а также оценка индекса массы тела (ИМТ). Определение уровня глюкозы в крови.

Для выявления признаков ИБС, признаков нарушения ритма и проводимости, а также для выявления признаков гипертрофии левого желудочка (ГЛЖ), всем пациентам была проведена ЭКГ в 12 отведениях, а также ЭХО-КГ.

У всех обследованных больных определялись в плазме крови показатели липидного спектра (ОХ, ТГ, ХСЛВП, ХСЛНП).

Пациенты всех 3-х групп проходили стандартное обследование, включающее в себя сбор анамнеза, опрос, измерение артериального давления (АД).

Результаты. Средний возраст пациентов 1-ой группы 65,65±6,5лет; средний возраст пациентов 2-ой группы 63,43±10,11. Группы пациентов были сопоставимы по возрасту и количеству больных с артериальной гипертензией, кроме того в 1-ой группе отмечалось более низкие показатели насосной функции миокарда, обусловленные низкими значениями ФВ. В группе сравнения преобладали мужчины 79%, в основной группе лиц мужского пола было 45%. ИМТ= 34,12±2,08 у лиц 1-ой группы, ИМТ = 26,32±1,12 у лиц во 2-ой группе; Показатели глюкозы крови у пациентов 1-ой группы 6,74±2,12 ммоль/л, в то время как у пациентов 2-ой группы 5,81±1,95ммоль/л.

Анализ результатов ЭКГ у пациентов 1-ой группы показал разнообразные, но малоспецифичные для метаболического синдрома изменения в части желудочкового комплекса, ритма и проводимости. У 62% пациентов 1-ой группы отмечены элевация сегмента ST, причем у 8% пациентов этой же группы элевация сегмента ST максимальная, в V4-V6 комплекс QRS приобрел вид монофазной кривой.

По данным ЭХО-КГ у пациентов с МС ГЛЖ наблюдалась в 62% случаев, в отличие от пациентов без МС - 19,2%. Показатели липидного спектра у пациентов 1-ой группы были следующие: ХС=6,8±0,98 ммоль/л; ТГ= 2,23±0,12 ммоль/л; ХСЛВП=1,26±0,04 ммоль/л; ХСЛПНП=4,25±0,4 ммоль/л.

Данные лабораторных исследований и клинической картины заболевания у пациентов 1-ой группы полностью соответствовали диагнозу МС, который в настоящее время является одним из основных факторов риска в возникновении сердечно-сосудистых заболеваний (ССЗ). В ходе исследования было установлено, что наличие МС весьма достоверно ассоциируется с очень высоким риском развития ССЗ, а, следовательно, и высоким уровнем летальности. У пациентов с наличием МС обнаруживается прогностически неблагоприятный тип ГЛЖ, а также увеличение индекса массы миокарда и толщины стенок левого желудочка. ГЛЖ в сочетании с гипердинамическим типом циркуляции и диастолической дисфункцией сердца у данной категории больных привел к высокой распространенности нарушений сердечного ритма в виде желудочковых эктопических ритмов различных градаций, а также мерцательной аритмии. Нарушения процессов реполяризации проявилось удлинением и изменением вариабельности интервала QT на ЭКГ.

Таким образом, метаболический синдром является результатом сложных метаболических нарушений, которые появляются на фоне прогрессирующего увеличения избыточной висцеральной жировой ткани. Это обусловливает формирование инсулинорезистентности, артериальной гипертензии и нарушение липидного спектра крови. На сегодняшний день потенциал и вклад в развитие ССЗ МС обусловлен прежде всего атерогенностью. Ввиду широкого распространения МС, является целесообразным дальнейшее изучение клинических проявлений, что позволит разработать приоритеты первичной профилактики ССЗ и других сопутствующих заболеваний.

Список литературы

1. Бритов А. Н., Молчанова О.В., Быстрова М.М. Артериальная гипертония у больных с ожирением: роль лептина. Кардиология 2007.
2. Бутлерова В. А. Ожирение. Современная тактика ведения больных. Лечащий врач 2015.
3. Гинзбург М.М., Корупица Г.С., Крюков Н.Н. Ожирение и метаболический синдром. Влияние на состояние здоровья, профилактика и лечение. Самара: изд. «Парус», 2012.
4. Гинзбург М.М., Крюков Н.Н. Ожирение. Влияние на развитие метаболического синдрома. Профилактика и лечение. -М.: Медпрактика-М. Москва 2013 г.
5. Мельниченко Г.А., Пышкина Е.А. Ожирение и инсулинорезистентность факторы риска и составная часть метаболического синдрома. Тер. Архив 2013.
6. Brands M.W., Mizelle H.L., Gaillard C.A. et al. The hemodynamic response to chronic hyperinsulinemia in conscious dog. Am J.Hypertens 2011;4:164-8
7. Echahidi N., Mohty D., Pibarot P. Obesity and metabolic syndrome are independent risk factors for atrial fibrillation after coronary artery bypass graft surgery // Circulation. 2015; 116 (11): 1213-1219.

Бурлачук В.Т., Прозорова Г.Г., Трибунцева Л.В., Олышева И.А., Фатеева О.В

1. Бурлачук В.Т., д.м.н., профессор, зав. кафедрой общей врачебной практики (семейной медицины) ИДПО ГБОУ ВПО ВГМУ им. Н.Н. Бурденко Минздрава России, г. Воронеж
2. Прозорова Г.Г., д.м.н., профессор кафедры общей врачебной практики (семейной медицины) ИДПО ГБОУ ВПО ВГМУ им. Н.Н. Бурденко Минздрава России, г. Воронеж, e-mail: prozorovagg@gmail.com.
3. Трибунцева Л.В., к.м.н., доцент кафедры общей врачебной практики (семейной медицины)ИДПО ГБОУ ВПО ВГМУ им. Н.Н. Бурденко Минздрава России, г. Воронеж
4. Олышева И.А, к.м.н., ассистент кафедры общей врачебной практики (семейной медицины) ИДПО ГБОУ ВПО ВГМУ им. Н.Н. Бурденко Минздрава России, г. Воронеж, e-mail: irina.olysheva@gmail.com
5. Фатеева О.В., зам. главного врача по КЭР, ГУЗ ГБСМП № 1, г. Липецк

ОЦЕНКА ЭФФЕКТИВНОСТИ ЭЛЕМЕНТОВ ПРОФИЛАКТИЧЕСКОЙ РАБОТЫ ПО ВЫЯВЛЕНИЮ ФАКТОРОВ РИСКА ХРОНИЧЕСКИХ НЕИНФЕКЦИОННЫХ ЗАБОЛЕВАНИЙ И ИХ КОРРЕКЦИИ В РАБОТЕ ВРАЧА ОБЩЕЙ ПРАКТИКИ

Актуальность. Во многих странах мира в настоящее время отмечается неуклонный рост заболеваемости хроническими неинфекционными заболеваниями (ХНИЗ), которые являются ведущими причинами смертности разных возрастных групп. Необходимо отметить, что ХНИЗ, к которым относят заболевания сердечно - сосудистой системы, хронические болезни бронхо - легочной системы, онкологические заболевания и сахарный диабет, определяют 76% всех причин смерти населения в Российской Федерации (РФ) [1,1; 3,96]. На данный момент приоритетной задачей медицинского сообщества РФ на всех этапах оказания медицинской помощи является профилактическая работа, направленная на формирование здорового образа жизни, раннюю диагностику ХНИЗ, факторов риска (ФР), своевременную их коррекцию, выявление лиц с высоким и очень высоким риском развития ХНИЗ. Большинство усилий должно быть направлено на уменьшение употребления табака, распространенности повышенного артериального давления (АД), распространенности низкой физической активности, уменьшению потребления соли, коррекцию липидного обмена, уменьшение случаев сахарного диабета и ожирения [6, 2; 7, 267]. По данным Всемирной организации здравоохранения (ВОЗ) эти факторы считаются модифицируемыми и коррекция их может предотвратить развитие ХНИЗ (заболевания сердечно-сосудистой, дыхательной систем, сахарного диабета, системы, злокачественных новообразований) [2, 5]. Врачи первичного звена имеют возможность в рамках проведения всеобщей диспансеризации, а в дальнейшем при диспансерном наблюдении пациента проводить профилактическую работу по коррекции ФР, и как следствие по предупреждению развития ХНИЗ, уменьшения негативного влияния этих ФР на течение хронических заболеваний, улучшению качества жизни [5, 5].

Цель исследования: оценка эффективности элементов профилактического консультирования по выявлению ФР хронических неинфекционных заболеваний и их коррекции в работе врача общей практики.

Материалы и методы:

В рамках межведомственного областного проекта «Живи долго» сотрудниками кафедры общей врачебной практики (семейной медицины) ИДПО ВГМУ им. Н.Н. Бурденко, врачами общей практики БУЗ ВО ГКП №4, БУЗ ВО ГКП № 7 и центров здоровья были проведены анкетирование и скриннинговые исследования пациентов, пришедших в поликлинику по любой причине. Все пациенты заполняли информированное согласие на медицинское исследование. На 1 этапе проводилось анкетирование с помощью специально разработанного опросника. Вместе с общими вопросами о данных респондентов (пол, возраст) анкета содержала вопросы, направленные на выявление у участников наличия ФР, включая ряд вопросов по характеристике питания опрашиваемых, особенностям физической активности, знания ими жизненно важных медицинских показателей собственного организма, а так же степени информированности респондентов о рациональном питании и необходимости коррекции избыточной массы тела, оптимальной физической нагрузке, вредном воздействии табакокурения, необходимости коррекции ФР, таких как артериальная гипертензия и гиперлипидемия, лекарственными препаратами. Помимо этого, предлагалось заполнить анкету осведомленности участников о профилактике ХНИЗ, ФР, имеющихся у респондентов, что дало возможность оценить знания людей о здоровом образе жизни, различных ФР и выяснить основные источники этих знаний, оценить эффективность профилактического консультирования врачей.

На 2 этапе всем участникам проводились антропометрические исследования: измерение роста, массы тела, вычисление индекса массы тела (ИМТ). На этом же этапе измерялось АД, пульс, проводился экспресс - анализ уровня глюкозы крови с помощью глюкометра (Контур ТС), при наличии никотиновой зависимости оценивался уровень СО в выдыхаемом воздухе с помощью газоанализатора SmokeCheck.

Расчет ИМТ производился по формуле: масса тела (кг)/рост (м²). Степень ожирения оценивали по критериям, предложенным ВОЗ (1997).

На 3 этапе, по итоговым результатам, с каждым участником было проведено консультирование о выявленных факторах риска ХНИЗ и возможности их коррекции, необходимости обращения к врачу с целью получения углубленного консультирования или посещения школ здоровья, было рекомендовано обратиться к лечащему врачу, пройти дополнительные исследования.

Результаты и их обсуждение.

В исследовании приняло участие 348 человек, в возрасте от 21 до 80 лет, средний возраст составил 56,8±1,2. Женщины активнее принимали участие, они составили большинство участников (86 %).

При анализе полученных данных определено, что только у 14 человек (4%) не выявлено ни одного ФР. Сочетание 5-ти ФР (избыточная масса тела, повышенный уровень АД, курение, гиподинамия, гипогликемия) было выявлено у 7 (2,1%) пациентов. Большинство участников имели 2 и более ФР. Чаще всего сочетались наличие избыточной массы тела или ожирения и повышенного АД, несколько реже встречалось наличие избыточной массы тела или ожирения и гиподинамии (диаграмма 1).

Диаграмма 1. Сочетания, выявленных ФР у участников исследования.

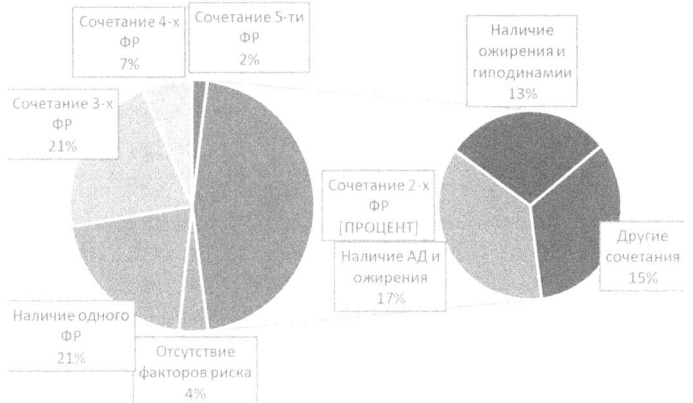

Анализируя полученные данные, можно отметить, что наиболее распространенными ФР в исследуемой группе населения, оказались избыточная масса тела/ожирение и повышенное АД (таблица 1).

Таблица 1. Основные факторы риска ХНИЗ, выявленные среди опрошенных пациентов.

Фактор риска	Количество человек	Доля, %
Избыточная масса тела, ожирение	281	80,9
Повышение АД	230	66,4

Курение, в том числе и пассивное	171	49,2
Низкая физическая нагрузка	148	42,6
Гипергликемия	35	10,0

Большинство участников, а именно 80% (281 человек), имеют избыточную массу тела/ожирение разной степени (диаграмма 2).

Диаграмма 2. Степени ожирения, выявленные у пациентов, принимавших участие в акции.

Отвечая на вопрос: «Какой ваш вес?» в большинстве случаев респонденты, называли массу тела в килограммах, и только 32 человека затруднились дать ответ. На вопрос: «Какой у вас индекс массы тела?» только 7 человек знают о понятии индекса массы тела (ИМТ) и смогли ответить. Обращает на себя внимание тот факт, что измерение массы тела, как выяснилось при анкетировании, проводят сами пациенты, и редко контролируется в медицинском учреждении.

При обработке данных, полученных при опросе участников, и сопоставлении их с результатами антропометрических измерений и вычислении ИМТ, оказалось, что 89 человек изначально не знали, что у них имеется данный ФР. Оказалось, что среди тех лиц, кто считал массу тела нормальной, у 12 человек при подсчете ИМТ было выявлен дефицит массы тела, у 43 человек - избыточная масса тела, у 19 – разные степени ожирения.

Вызывает интерес тот факт, что респонденты имеющие избыточную массу тела/ожирение, в 21% случаев не получали при обращении к врачу рекомендаций по рациональному питанию и снижению массы тела.

Данные по консультированию в отношении рационального питания и ограничению различных пищевых продуктов, осуществленного при обращении за медицинской помощью по любому поводу представлены в таблице 2.

Таблица 2. Частота предоставления консультирования по рациональному питанию врачами в течение последнего года

Рекомендации	Количество человек	Доля, %
По ограничению жирной и жареной пищи	225	73,4
По ограничению потребления соли	227	65,3
По ограничению избыточного потребления углеводов	185	53,3
По увеличению потребления овощей и фруктов, клетчатки	112	32,0
Не давались никакие рекомендации по питанию	89	25,7

Вторым по распространенности ФР явилась гипертензия. При измерении АД в процессе проведения исследования повышенный уровень был зарегистрирован у 139 человек. Из всех участников мероприятий, отрицавших у них повышение АД, у 42% человек АД оказалось выше 140/90 мм. рт. ст. Проанализировав данные анкетирования и объективного исследования, можно отметить, что пациенты, имеющие в анамнезе артериальную гипертензию, часто неадекватно оценивали свой уровень АД: у лиц, которые считали его нормальным при ответе на вопрос «Какой у вас уровень АД?», он оказался выше нормальных цифр.

Согласно проведенному опросу курение занимает одно из ведущих мест среди факторов риска ХНИЗ и находится на третьем месте среди них. В анкету были включены вопросы не только о самом факте курении, но и о пассивном курении. Количество курящих среди респондентов составило 12 % (41 человек). Около половины курящих заявили о своем желании бросить курить и хотели бы, чтобы им была предоставлена доступная помощь по отказу от курения. Хотелось бы отметить тот факт, что у 78,6 % пациентов лечащий врач спрашивал о курении. Анализируя данные анкетирования, стало известно, что людям, зависящим от пагубной привычки, в трети случаев на каждом приеме давался краткий совет об отказе от табакокурения, 20 % зависимым – почти всегда, остальные курящие никогда не получали совет по отказу от курения от врача. 132 человека среди опрошенных отмечают, что проживают или работают с курящими людьми, настораживает тот факт, что только 78 человек знают о вреде пассивного курения.

Фактором риска, имеющий корреляцию с повышенной массой тела/ожирением и артериальной гипертензией, явился фактор низкой физической активности [4, 4]. Среди респондентов большинство указывало на то, что физические упражнения полезны для поддержания здоровья. Что объясняется тем, что у 70% участников врач осведомлялся об их уровне ежедневной физической активности и 202 человека из всех опрошенных практически на каждом визите получали информацию о пользе ФА и об ее оптимизации. Однако, только 45% респондентов сообщили о своих собственных занятиях физическими упражнениями или ходьбы в умеренном темпе более 40 мин в день несколько раз в неделю. 7 человек сказали о своих регулярных занятиях спортом. Также обращает внимание на себя тот факт, что, лица, имеющие низкую физическую активность, мало информированы о влиянии этого фактора на развитие ХНИЗ.

Повышенный уровень глюкозы был выявлен у 38 пациентов. Большинство из них отмечают имеющийся у них диагноз сахарного диабета. В то же время 187 человек не осведомлены об уровне глюкозы крови у них, и не считают гипогликемию фактором риска ХНИЗ.

К основным факторам риска развития ХНИЗ, особенно сердечно-сосудистых заболеваний относиться гипер/дислипидемия.

Знание своего уровня холестерина оказался среди участников низким (37%), хотя большинство из опрошенных отмечают этот ФР как один из значимых в развитии ХНИЗ. Хотелось бы отметить, именно те, респонденты, которые знают свой уровень холестерина и осведомлены о негативном влиянии нарушения липидного обмена, утвердительно ответили на вопрос: «Обсуждал ли с Вами врач показатели липидного обмена?».

На заключительном этапе со всеми участниками проводилось краткое профилактическое консультирование по коррекции имеющихся ФР, при необходимости рекомендовалось пройти дополнительные исследования, участники информировались о важности диспансерного наблюдения и соблюдении рекомендаций врача. Вместе с тем, уделялось внимание неоценимой роли самоконтроля и активного участия пациента в сохранении собственного здоровья.

Большинству из участников предлагалось посетить Центр здоровья с целью углубленного индивидуального или группового консультирования по коррекции факторов риска.

Отслеживая проведение школ здоровья и работу врачей центров здоровья, оказалось, что 52% (180 человек) посетили рекомендуемые мероприятия в течение последующих 3 месяцев. Преимущественно это были школы здоровья по артериальной гипертензии и коррекции ожирения.

Выводы.

1. Выявленные ФР, которые являются основными причинами большинства ХНИЗ, можно скорректировать и контролировать при ежедневной работе ВОП.

2. Привлечение врачей первичного звена всех специальностей для краткого профилактического консультирования с целью большей информированности пациентов с факторами риска ХНИЗ о

необходимости изменения образа жизни может положительно сказаться на уровне знаний населения о здоровом образе жизни.

3. Необходимо усилить работу отделений профилактики и школ здоровья для пациентов, желающих отказаться от курения и увеличить физическую нагрузку.

Литература

1. Яковлева Т.В., Вылегжанин С.В., Бойцов С.А., Калинина А.М., Ипатов П.В. Диспансеризация взрослого населения Российской Федерации: первый год реализации, опыт, результаты, перспективы. *Социальные аспекты здоровья населения* [электронный научный журнал] 2014; 38(4). URL: http://vestnik.mednet.ru/content/view/579/30/lang.ru/ (Дата обращения 21 октября 2015)

2. Global status report on noncommunicable diseases 2014 Number of pages: 16 Publication date: 2014 http://apps.who.int/iris/bitstream/10665/148114/6/WHO_NMH_NVI_15.1_rus.pdf/ дата обращения 21.10.2015/

3. Комплексная реабилитация больных хронической обструктивной болезнью легких/Г.Г. Прозорова,В.Т. Бурлачук, Л.В. Трибунцева, А.В. Гулин//Вестник Авиценны. 2015. № 2. С. 96-100.

4. Preventing Noncommunicable Diseases in the Workplace through Diet and Physical Activity. WHO/World Economic Forum Report of a Joint Event. WHO 2008, 52 p. ISBN 978 92 4 159632 9

5. Диспансерное наблюдение больных хроническими неинфекционными заболеваниями и пациентов с высоким риском их развития. Методические рекомендации. Под ред. С.А. Бойцова и А.Г. Чучалина. М.: 2014 — 112 с. Интернет-ресурс: http://www.gnicpm.ru, http://www.ropniz.ru.

6. *Jepson R.G., Harris F.M., Platt S., Tannahill C.* The effectiveness of interventions to change six health behaviours: a review of reviews. BMC Publ Health 2010; 10: 538: 1-16.

7. *Whitlock E.P., Orleans C.T., Pender N., Allan J.* Evaluating Primary Care Behavioral Counseling Interventions: An Evidence-based Approach. Am J Prev Med 2002; 22: 4: 267-284.

Imiete I.E.
Masters student in Tambov State Technical University
iikpoemugh@yahoo.com
Alekseeva N.V.
Associate Professor Tambov State Technical University
alexejewa.nadja@gmail.com

PROCESS OF WATER CONTAMINATION IN THE NIGER DELTA REGION OF NIGERIA

Abstract: In the Niger Delta region of Nigeria, several water sources are contaminated with heavy metals. Both underground and surface water are mostly loaded with concentrations beyond set standards for drinking. With the perennial problems of oil spill, available data have been used to explain the relationship between the increase of heavy metals in water sources and oil spills.

Keywords: Niger Delta region, oil spill, heavy metals, water source.

In the Niger Delta region of Nigeria, crude oil spillage have been a persisting problem. At the present, the economic effect is mainly considered without devoting much attention to the health impact of the entire region. This could be a lack of understanding on the mechanism of crude oil degradation and its accompanying effect on the environment.

Several contaminants affect the environment in its circle. Crude oil or industrial waste are frequently spilled or discharged into the environment. After undergoing degradation, some chemical components and other products which are results of several complex reaction mechanism are added into the environment. However, from the beginning, attention would have been drawn to the economic impact of the crude oil spillage, but before a cleanup is made, a larger percentage of the spill have been sipped into the environment or undergone a supposedly incomplete degradation. The affirmation of a self-cleaned spill or degradation is difficult to monitor as part of the crude oil most time, would have been dispersed into other part of the environment or simply converted into forms not visible to the eyes but could still be considered toxic.

Crude oil composition

The composition of crude oil from the Niger delta region has been characterized as having sweet blends of light crude. However, with its low sulfur content, it is generally contaminated with the presence of heavy metals [1, 10] as shown in table 1.

The contamination varies according to different exploration fields. To meet up with specific market composition, most oil are often blended. With these Nigerian oil blends, the presence of these contaminants have always drawn attention. Concerns are on the sphere of the present environmental disasters associated with exploration activities of the Nigerian oil industries. These contaminants that are above the compositions required for both soil, drinking water sources and aquatic habitats, are frequently spilled.

Table 1. Heavy metal content of crude oil sample from the Niger Delta region of Nigeria

Element	A	B	C	D	E	F
Mn	2.80	2.51	1.29	2.40	4.10	4.00
Fe	0.97	2.26	1.12	1.03	1.05	1.04
Cu	0.13	0.17	0.07	0.05	0.05	0.14
Zn	0.45	0.57	0.43	0.54	0.54	0.54
Pb	0.19	0.21	0.16	0.18	0.16	0.16
Ni	1.41	1.92	1.54	1.63	1.44	0.20
Co	0.30	2.81	0.26	0.3	0.29	0.25
Cd	0.30	0.33	0.29	0.34	0.35	0.33
Cr	0.78	3.00	1.58	0.74	0.68	0.72

There have been hypothesis on the geological formations that gives rise to the prevalence of these heavy metals. Components such as nickel and vanadium have been associated with crude oil formation from derivatives of algae and bacteria [2, 647]. Other heavy metal components are a result of geological activities and mineral accumulation during rock formations and chemical compounds used in the process of drilling.

Table 2. Concentrations of some heavy metals in Nigerian crude oil

Samples	Parameters (mg/L)									
	Zn	Cu	Pb	Fe	Mn	Co	Cd	Cr	Ni	V
A	0.01	0.04	0.005	0.22	0.3	ND	0.01	0.01	3.20	0.77
B	0.02	ND	0.005	0.25	0.4	ND	0.001	0.01	3.59	0.79
C	1.84	ND	ND	0.04	ND	ND	ND	0.04	2.23	0.31
D	5.2	3.6	ND	0.31	ND	0.27	ND	0.04	4.69	0.62
E	ND	1.6	ND	0.29	0.31	ND	ND	0.05	3.2	0.73
F	0.01	0.03	ND	0.33	0.33	ND	ND	0.03	1.99	0.49
G	ND	ND	0.005	0.51	ND	ND	0.01	0.04	2.2	0.50
H	0.02	0.04	0.005	0.18	0.41	ND	0.01	0.04	2.0	0.50
I	0.01	0.03	0.005	0.27	0.33	ND	ND	0.02	2.2	4.10
J	ND	0.08	0.005	0.20	ND	ND	ND	0.02	2.8	6.30
K	0.01	ND	ND	0.23	0.30	ND	ND	0.01	4.40	0.13
L	0.01	ND	ND	0.27	0.41	ND	ND	0.01	6.45	1.60
M	0.01	ND	ND	0.18	0.35	ND	ND	0.02	2.01	0.50
N	0.01	ND	ND	0.20	0.33	ND	ND	0.02	1.98	0.45

Blends of various samples taken from several oil fields (A-N) also attest to the prevalence of heavy metal content [3, 243], as shown in table 2.

Crude oil spillage

Crude oil reserves in the Niger Delta region of Nigeria has of recent, viewed as blessing turned a curse. From the beginning of oil exploration activities, the regional environment have been heavily polluted. These pollutions comes in the form of gas flaring, oil spills, discharge of oil industry-related waste to the environment.

Among the different forms of pollutions, crude oil spillage and gas flaring occurs in higher magnitude with attendant inability to clean the spills. A look at the present nature of the environment shows that it has greatly been modified. The biodiversity and aquatic habitats are going into extinction

Spills could be classified as naturally occurring, human error or sabotage and machine failure. The region hardly experience any natural oil spillage that occurred through the process of crude oil constantly seeping through underground reservoirs into water sources and on the soil. The mostly recognized sources of spills are through the process of equipment failures of oil producing companies and those attributed to sabotage.

Serious oil exploration activities started in the region in 1950 when Oloibri oil well was drilled. The exploration activities were spread to virtually all parts of the Niger Delta. The accompanied growth of the industry drew the focus of oil prospecting companies on profits to the point of finding it difficult to frequently replace aging equipment. At the present, due to the vast and complex nature of the industry in the region, it is almost becoming a norm that it is only when equipment fails, that it serves as a reminder for equipment replacement. This is against the norm of sound practices of ascertaining the service life of equipment.

However, as the Nigerian economy depends on the revenues from the oil industry to remain afloat, it becomes very difficult to regulate and monitor the industry so as not to tread on a collision part that will shut the economy. Irrespective of the effect it has on the environment especially on water sources, oil spillage is part of the industry with much expected occurrence.

Below are some cases of oil spills recorded as a result of equipment failure [4, 1].

- Shell's 1978 spill caused by tank failure at Forcados Terminal in which 580,000 barrels were spewed.
- Texaco's Funima-5 offshore blow out in 1980 that released 400,000 barrels of oil.
- Mobil's spill at Idoho in 1998 with a reported release of 40,000 barrels of crude oil.
- The Shell Spill in 2008 at Ikot Ada Udoh where a capped well failed and spewed an unreported amount of crude oil for months before it was stopped.
- Agip oil spills at Kalaba, Bayelsa State raged for over two months starting from February 2009 before it was stopped. More spills occurred on the same pipeline in September 2012 and remained unchecked for a long

stretch of time.

- Exxon oil spills at Ibeno, Akwa Ibom State in May and June 2010.

The region has a terrain that isolates some areas or makes it difficult to access. Hence, when oil spills occurs, it remains unknown to the appropriate authorities for a period of time, or at best, it would be blamed on sabotage. Below is available data on some collated oil spills.

Table 3. Three principal source of oil spills in Nigeria (1998-2007) [5, 41]

Year	Equipment failure	Human error	Sabotage	Total oil spills recorded
1998	28	12	65	105
1999	19	28	55	102
2000	34	39	40	113
2001	46	15	64	125
2002	39	20	67	126
2003	41	53	63	157
2004	38	32	96	166
2005	49	27	127	203
2006	37	39	187	263
2007	31	29	209	269
Total	362	294	973	1629
Percentage	22.2%	18.1%	59.7%	100%

The table shown above is considered as a fraction of the actual oil spills. Because a greater percentage of oil spills are left unreported. These were the only documented figures that could be quoted officially. Driving focus on taking account of oil spills and accessing the environmental impact is frequently viewed as a form of political discourse. This coupled with the unavailability of resources has led to documentation of oil spill cases difficult or impossible, independent of government and oil companies.

With the frequent spill of crude oil into the environment, the heavy metal content from these oil have continue to increase its concentration in water sources. On average occurrence, there is an oil spill in several part of the region on a weekly basis. Such a dire situation of constant addition of heavy metal concentration in water sources becomes more worrisome.

Most of the exploratory activities are offshore base, and most onshore are well close to water bodies, or transportation pipes runs deep underground in close proximity with water sources. The failure of these equipment and sabotage around water bodies makes it easier for water to transport the spills to other parts of the region. Hence, a place without the occurrence of oil spill or industrial activities may witness severe pollution of its soil and water sources with heavy metals, hydrocarbons and other organic compounds.

Crude oil may contain several hundreds of individual components which range from volatile gasses, liquids of very low boiling points to solid waxes. When it is spilled into the environment, several environmental factors could act as a catalyst to favor certain types of reactions that could produce more toxic products in the environment. Most time, these spills are left uncleansed for years which gives more time for natural breakdown of these hydrocarbon into other sources.

Provision of adequate portable water supply is lacking with individuals adopting common methods of well digging and borehole for water provision. The intent is having access to water and not necessarily ascertaining the quality of the water. Choice of water purification and provision would best be determined from the type of components available. Analysis of components, both heavy metals, biological contaminants and other toxic components are financially demanding and are beyond the reach of the common man who want to provide water for himself.

The assumption of attributing heavy metal contamination of drinking water to oil spillage lends credence with an outcome of the report of United Nations Environmental Protection Agency (UNEP) on Ogoni kingdom [6, 1]. A comprehensive study was conducted by the agency to ascertain the level of oil pollution and environmental impact on the area. The outcome of the report in part, allude to severe contamination of drinking water sources with heavy metals and other toxic compounds. Water samples of both dug wells and surface water were shown to be heavily polluted. Some regions in the kingdom had no record of oil spill, but their water sources were also considered contaminated.

Part of recommendations of the report was for the commencement of immediate cleanup of the entire region. However, years have passed and the contaminated sites have not been cleaned. It therefore supports the model mechanism of pollution where the main source of heavy metal contaminants comes from crude oil spills, and are transported through rivers, rainfall, streams and water sources to other regions.

The traditional method of providing portable water supply would therefore not meet the required standard of portable drinking water supply. Any purification method would be required to take into account major prevailing contaminants such as Fe, Co, Ni, Pb, V, Cr, Zn, Co etc., and possible toxic organic compounds that would have resulted in both natural and microbial catalyzed degradation of crude oil samples and other biological contaminants.

Natural and microbial role in oil degradation

Microbes have been known to possess the ability of converting hydrocarbon into less toxic forms. The environment is covered by billions of microbes, and in a crude oil contaminated environment, several community of microbes could be found to have adapted and having the ability to clean-up the spill. The basic task that is commonly faced is the identification of these strains of microbes and knowing the right nutrient to facilitate the consumption process.

Some microbes are versatile in their ability to metabolize oil. This is connected with their ability of using different food sources. In the presence of a spilled petroleum product, they can turn-on a new metabolic machinery to utilize the newly found food source. This is easily achievable for light hydrocarbons. For complex hydrocarbons, there are few success reports of microbial utilization for energy. And in reported cases, the complex structures of these petroleum fractions alludes to the difficulties in digesting these oil [7, 186]. Light hydrocarbons which could easily be consumed by microbes are eventually considered more harmful to the environment [8, 643]. This is based on their ease of being dispersed on the entire ecosystem. Oil dispersion plays important role in facilitating both bacterial and human assisted clean up by reducing oil slick and increasing the surface area for microbial metabolism.

The region is known with these type of light crude oil and environmental factors that could aid an easy dispersion of the spill in both water and soil. Physical factors such as rainfall, type of soil and topography (for land base spill), and other climatic conditions are always at optimum to aid a spread or clean-up processes. The amount of rainfall in the Niger Delta does not require any irrigation process for farmers, as there is always a substantial amount of rainfall during its season. This is an important factor considering the ease it will offer in a clean-up process and also the ease in spreading a spill.

As witnessed in the Niger Delta region where oil spills are left unclean or the soil remediated, both natural means and biological are capable of enhancing self-cleaning of the polluted areas. However, this could take several years with a corresponding effect on the ecosystem.

The frequently spilled oil as shown earlier does not only contain hydrocarbons but is also contaminated with heavy metals. The progress in microbial degradation of crude oil is comparatively not recorded with heavy metals. Researches only justifies abilities of certain microbes of being able to either convert these heavy metals   or metabolize it [9, 935]. At the present, dependence of microbial remediation of heavy metals polluted sites have not received substantial recognition. More so, the ability of microbes are limited at high concentrations of polluted components.

Heavy metals and other toxic hydrocarbon products that were left unremediated or clean are eventually aided by several environmental factors to find their way deep into the earth or underground water sources. For underground water sources, run-off from rain, flood and other environmental factors can transport these contaminant deeper. Surface water sources may contain these toxic contaminants in both dissolved form or suspended crystals in combination with other chemicals.

Table 4. Concentration of some trace metals two months and five month after oil spillage (BDL- below detectable limit)

Trace metal	2 months after spill(mg/kg)	5 months after spill (mg/kg)
Nickel	0.508±0.07	0.527±0.190
Chromium	1.984±0.14	2.156±0.190
Zinc	9.946±0.98	2.862±0.376
Vanadium	BDL	BDL
Arsenic	0.601±0.12	0.560±0.150
Cobalt	0.471±0.13	0.501±0.210
Iron	752.36±50.98	701.70±40.16
Lead	BDL	BDL

From a spilled soil, studies showed that among considered trace metals, it was only zinc and iron that had a decrease in its concentrations, while concentration of other metal increased [10, 317]. This studies confirms the gradual mobilization of these metals from the crude oil to the soil. From the duration of 2-5 months, concentrations of some trace metals increased significantly. For the unremediated spills in the regions, the same process could occur and several heavy metal concentrations would be increased and transported to water sources.

Detail studies showing the geological formations and the chemical components of rock formations in the Niger Delta region are lacking. Therefore, the discovery of heavy metals and other pollutants in underground and surface waters sources could be attributed to oil spillage. This gives more credence as it is evident that the petroleum found in the region is contaminated with heavy metals.

Reference

1)   Ahmad, H., Tsafe, A.I., Zuru, A.A., Shehu, R.A., Atiku, F.A., Itodo, A.U. (2010). Physicochemical and Heavy Metals Value of Crude Oil Samples. Int. J. of Natural and Applied Sci. 6(1):10-15.

2)   Barwise, A.J.G. (1990). Role of Nickel and Vanadium in Petroleum Classification. 4, 647-652.

3)   Udeme, J.D., Etim, I.U. (2012). Physicochemical Studies of Nigeria's Crude Oil Blend. J. of Petroleum and Coal, 54 (3) 243-251.

4)   Environmental Rights Action/Friends of the Earth. (2012). Nigeria and Oil-Watch Africa Nigeria: Oil Pollution, Politics and Policy. October 2012, pp 5-6. Available at: www.eraction.org/publications/oilpollutionpoliticsand policy.pdf

5)   Nwoko, C.N. (2014). Assessing the Socioeconomic Impact Arising from Oil Pollutions in the Niger Delta Region of Nigeria: Including Proposals for

Solutions". Alto university publication series. Doctoral Desertation-1/15/2014, pp 41.

6)   UNEP. (2011). Environmental Assessment of Ogoniland. Available at: http://postconflict.unep.ch/publications/OEA/UNEP_OEA.pdf

7)   Ronald, M.A. (1981). Microbial Degradation of Petroleum Hydrocarbons: an Environmental Perspective. Microbiological Reviews, p. 180-209.

8)   Шамраев, А.В., Шорина, Т.С. (2009). Влияние нефти и нефтепродуктов на различные компоненты окружающей среды. ВЕСТНИК ОГУ №6(100)

9)   Rajendran, P., Muthukrishnan, J., Gunasekaran, P. (2003). Microbes in Heavy Metal Remediation. Indian J. of experimental biology. Pp. 935-944.

10)   Osuji, L.C., Achugasim, O. (2010). Trace Metals and Volatile Aromatic Hydrocarbon Content of Ukpeliede-I Oil Spillage Site, Niger Delta, Nigeria. J. Appl. Sci. Environ. Manage. Vol. 14 (2) 17 - 20

Милованова Л.А., Дубровина О.В.
кандидат филологических наук, доцент кафедры педагогики, теории и методики образования ФГБОУ ВО «Шадринский государственный педагогический университет»; магистрантка 6 курса педагогического факультета
ФГБОУ ВО «Шадринский государственный педагогический университет»

РАЗВИТИЕ ИНТЕЛЛЕКТУАЛЬНЫХ СПОСОБНОСТЕЙ У МЛАДШИХ ШКОЛЬНИКОВ НА УРОКАХ РУССКОГО ЯЗЫКА

С внедрением ФГОС основной задачей начальной школы стало формирование основ учебной деятельности. Такой подход диктует необходимость в интеллектуальном развитии младших школьников, прежде всего, должно быть развито логическое и абстрактное мышление, саморефлексия, обозначена своя собственная позиция, самооценка, гибкость и критичность мышления.

В настоящее время вопрос о развитии интеллектуальных способностей у учащихся начальных классов становится более актуальным, т.к. современное общество нуждается в творчески развитых людях.

Из-за увеличения объема информации приходится пересматривать подходы к содержанию и условиям образовательного процесса, способствующим развитию интеллектуальных способностей младших школьников, сформированность которых обеспечит высокие результаты не только в познавательно-учебной деятельности, но и в дальнейшем обучении школьников.

Начальные классы – это фундамент в развитии интеллектуально-творческой личности. Именно здесь систематически и методически верно необходимо использовать разнообразные методы и приёмы обучения, направленные на развитие интеллектуальных способностей младших школьников, которые, бесспорно, повысят качество образования.

На наш взгляд, уроки русского языка в начальных классах более всего подходят для применения системы развивающих задач и упражнений, способствующих интеллектуальному развитию младших школьников. В начальной школе ведущей деятельностью является игра. Использование игровых технологий создает благоприятные условия для обучения русскому языку. Рассмотрим наиболее действенные игры, с нашей точки зрения, которые помогут учителям начальных классов развить интеллектуальные способности на уроках русского языка у их обучаемых. Прежде всего, это должны быть задания, направленные на развитие наглядно-действенного мышления, на формирование наглядно-образного мышления, и задания на развитие словесно-логического мышления.

Эффективной игрой, используемой на уроках русского языка в начальных классах для развития интеллектуальных способностей, является игра «Мастер словесной кисти». Школьникам предлагается описать наблюдаемое ими явление природы или словесно проиллюстрировать предложенную картину. Данная игра, помимо развития интеллектуальных способностей у младших школьников, способствует и обогащению их словаря.

Игру «Двойник» можно использовать при изучении синонимов. Учащимся предлагается подобрать слово, имеющее точно такое же значение, например, *бегемот – гиппопотам, доктор – врач – лекарь*.

Игру «Чем похожи слова» можно использовать при изучении орфограмм. Например, изучая орфограммы *жи-ши, ча-ща, чу-щу*, детям предлагаются слова, глядя на которые, они могут назвать, что в них одинаковое. Эту же игру хорошо использовать и при изучении однокоренных слов. Наблюдая над предложенным рядом слов, дети приходят к выводу, что в них во всех одинаковая часть – корень.

Игра «Третий лишний» – школьникам предлагается по три слова, они должны убрать то, которое, на их взгляд, является лишним. Применять данную игру на уроках русского языка можно при освоении любой темы. Например, изучая однокоренные слова, предлагается убрать одно слово, не являющееся однокоренным. Знакомясь с частями речи, можно предложить убрать слово, не относящееся, например, к имени существительному или глаголу. Описанная игра способствует развитию интеллекта у младших школьников, а также помогает формировать умение проводить сравнение и противопоставление.

Игра «Составь слово» способствует развитию внимания и мышления. Детям можно предложить звуковую схему слова, опираясь на которую, они должны подобрать соответствующие слова, либо используется морфемный состав слова, где учащиеся придумывают слова, подходящие под предложенную схему.

Игра «Расшифруй слово». На первый взгляд, может показаться, что учитель предложил учащимся набор букв, но посмотрев внимательнее и подумав несколько минут, дети составляют слово, которое зашифровал учитель. Использовать эту игру можно и наоборот, дети сами зашифровывают слово, а одноклассники пытаются его разгадать.

Интересной является, на наш взгляд, игра «Корректор». Детям предлагается исправить текст, содержащий орфографические ошибки (далее можно и усложнить, пропустив знаки препинания).

Описанные выше три игры, помимо развития интеллектуальных способностей, направлены и на формирование умений анализировать, расчленять целое на составные части, конструировать.

Игра «Что или кто это?» – детям зачитывается описание предмета, им необходимо угадать, о чем или о ком идет речь. Например, это одно из самых удивительных явлений природы, представляющих собой цветную дугу (*радуга*).

Игра «Рассыпанное предложение» – детям нужно собрать предложение из предложенных слов. В получившемся предложении можно определить части речи, подчеркнуть грамматическую основу и составить схему предложения.

Игры «Что или кто это?» и «Рассыпанное предложение» способствуют развитию интеллектуальных способностей, а именно, направлены на формирование умения выделять главное, отделяя существенное от несущественного.

Игру «Соколиный глаз» можно применять при изучении какой-либо орфограммы – кто больше найдет в тексте слов с изученной орфограммой. Либо при изучении лексики найти в тексте наибольшее число слов с переносным значением.

Игра «Аукцион» – можно использовать при изучении фразеологизмов. Победителем будет тот, кто последним назовет фразеологический оборот, в котором встречаются названия животных, числительное, устаревшее слово.

Приём «Диктант значений» – это разновидность словарного диктанта, когда учитель диктует не само слово, а лишь его значение. Школьникам необходимо не только знать, как пишется словарное слово, но и его лексическое значение. Например, *1. Всеядная серая с чёрным или чёрная птица. 2. Автомобиль с большим количеством мест для перевозки пассажиров. 3. Последний день недели.*

Игра «Одним словом» – школьникам предлагается группа слов, они должны назвать их одним словом, например, *шапка, пальто, юбка – одежда; автомобиль, трактор, автобус – транспорт.*

Игра «Правильно подбери» – учитель зачитывает понятия, к которым нужно подобрать еще по два-три слова, находящихся в функциональных отношениях. Например, *стол – деревянный, обедать.*

Развивая интеллектуальные способности на уроках русского языка у младших школьников необходимо подбирать такие упражнения, которые усиливают процесс развития таких качеств, как внимание, память, мышление, наблюдательность, речь. При выполнении каждого задания учащиеся используют всевозможные виды речи: устную, письменную, монологическую, диалогическую, производят несколько умственных операций: группируют, сравнивают, обобщают.

Интеллектуальное развитие младшего школьника – одна из главных задач в современном образовании. При правильном, систематическом использовании комплексного развития можно добиться значительного продвижения в развитии интеллектуальных способностей каждого учащегося, этим самым повышать и качество знаний по русскому языку. Для этого необходимо использование многостороннего развивающего влияния на интеллект ребенка, действенного подхода к обучению, сотрудничества, делового партнерства учителя и учеников.

Брыкина В.А. ассистент, «Волгоградский Социальный Педагогический Университет», Волгоград

Клычкова О.В. старший преподаватель, «Волгоградский государственный технический университет», Волгоград

Крикунова О.Ф. старший преподаватель, «Волгоградская государственный архитектурно-строительный университет», Волгоград

ГИМНАСТИЧЕСКИЕ ПИРАМИДЫ В СИСТЕМЕ ФИЗИЧЕСКОГО ВОСПИТАНИЯ СТУДЕНТОВ

Гимнастика занимает одно из ведущих мест среди других методов и средств физического воспитания в высших учебных заведениях. Студенты, систематически занимающиеся различными видами гимнастики, успешно овладевают нормативами ГТО. Наряду с акробатическими и вольными упражнениями с различными предметами, особое место занимают выступления с пирамидами. Пирамиды получили широкое применение в программах массовых выступлений на стадионах во время проведения физкультурных праздников, парадов. Благодаря групповому исполнению, оригинальности построения, художественной выразительности - пирамиды являются прекрасным средством наглядной агитации за физическую культуру. Хорошо подготовленное выступление, эффектно и интересно построенная пирамида, чёткая организованность движений участников, привлекают студентов к занятиям гимнастикой. Выступления с пирамидами захватывают зрителя проявленными участниками силой и ловкостью. Стройные, тренированные тела участников, занимая те или иные положения на полу, друг на друге, причудливо переплетаясь, создают разнообразные рисунки, красота которых вызывает восхищение зрителей. Среди пирамид можно найти как самые простые и лёгкие, так и более трудные и сложные, в том числе и акробатические для студентов физкультурных вузов [2]. Встречаемые в практике выступлений пирамиды характеризуются по пяти основным признакам: **1)** по месту построения (на полу или земле, на гимнастических снарядах); **2)** по форме основания (одноплоскостное построение, круговое расположение участников); **3)** по внешнему рисунку (с симметричным расположением участников, с ассиметричным расположением); **4)** по положению участников (пирамиды, построенные во всех этажах одинаково, пирамиды, где в каждом этаже различается свой рисунок, пирамиды, построенные из разнообразных по форме и трудности положений); **5)** по способу построения (пирамиды раздельного построения, пирамиды поточного построения) [1]. Это разнообразие по степени трудности дает возможность применять пирамиды в различных по физической подготовленности, возрасту и полу коллективах. Кроме показательно – агитационной стороны, пирамиды имеют значение и как упражнения, применяемые на учебных занятиях по гимнастике для решения ряда воспитательных и оздоровительных задач.

Нами были использованы гимнастические пирамиды на занятиях по физической культуре студентов 1-3 курсов Волгоградского Социально

Педагогического Университета. Прежде всего, учитывалось соответствие технической сложности пирамиды возрасту и половым особенностям, а также подготовленности группы занимающихся студентов. Девушки и юноши 17-20 лет отличаются большими сдвигами во всех сторонах психофизической организации: кости становятся более прочными и устойчивыми, но всё же позвоночник и грудная клетка остаются ещё податливыми к изменениям под влиянием длительного неправильного положения тела. В этом возрасте увеличивается объём и сила мышц. Подъём мышечной силы и выносливости у студентов даёт возможность подбирать пирамиды более сложные по строению и с большей нагрузкой на каждого участника. Пирамиды для этого возраста строятся из двух этажей, с равномерным распределением тяжести участников второго этажа. Нагрузка на одного участника не должна превышать общего веса его тела. В нижний ряд пирамиды ставятся физически более крепкие юноши или девушки. Для построения второго этажа подбираются участники, имеющие меньший вес и большую ловкость. Пирамиды в этом возрасте строятся из выпадов, выпрямленных стоек, упоров лёжа, стоек на голове, руках, предплечьях, мостов. Для правильного подбора пирамид с участием девушек следует учесть, что у них более слабое развитие мышечной массы, чем у юношей. У девушек более низкое положение центра тяжести, что затрудняет выполнение ряда гимнастических упражнений. Вместе с тем девушки склонны к пластичным и ритмичным движениям. Пирамиды для них строятся из разнообразных гимнастических положений с закруглёнными, мягкими положениями рук. Применимы: выпады, «ласточка», стойка на одном и двух коленях, стойка на одной ноге с различными положениями другой ноги, наклоны назад, мосты, различные поддержки, «шпагаты». В пирамидах для девушек не должно быть положений, требующих длительного проявления силы. При оформлении пирамид уместно пользоваться лентами, флажками, цветами, шарфами, цветными шарами, веточками, придающими красочный и эффективный вид. В этих же целях можно применять макеты гранат, сабель, винтовок. На гимнастических занятиях наиболее целесообразно включать пирамиды в основную часть урока, так как они имеют много сходных моментов со снарядовыми и вольными упражнениями. В основе пирамид лежат совместные групповые движения, выполняемые с помощью живой силы соучастников или с использованием одной части занимающихся в качестве своеобразных живых снарядов [3]. При подборе пирамид в программу занятий по физической культуре нужно руководствоваться следующими принципами: 1) сложность пирамид должна постепенно нарастать от занятия к занятию, чтобы у студентов проявлялся интерес к изучаемым элементам; 2) первые пирамиды должны быть наиболее простыми по своей структуре, невысоки, без трудных переходов; 3) с каждым занятием увеличивать количество участников

(3,4,5,6,7,8.9.10 и т. д. человек); 4) по характеру рисунка пирамиды должны быть разнообразными. Последние пирамиды должны отличаться более сложным построением, наличием технически трудных положений, эффектным оформлением. Самая последняя пирамида должна быть грандиозной и монументальной. Выполнение пирамиды слагается из последовательного выполнения ряда этапов: разучивание пирамиды; построение пирамиды; удержание построенной пирамиды; разрушение пирамиды и построение; уход участников. Разучивание пирамиды происходит по заранее подготовленной схеме. Определяются участники каждого яруса. Выход осуществляется под маршевую или вальсовую музыку фигурной маршировкой: в «обход», в «обход с прохождением по диагонали», со скрещиванием на центре, движение колонны с «дроблением», «сведением», «разведением» и «слиянием». Можно использовать интересные варианты выхода: выход участников в колонне по одному, руки в различном положении; выход прыжками в колонне по одному; выход «гусеницей», исходное положение - упор присев; танцевальные движения (шаги польки, галопа, русский шаг и т.д.). После выхода участники выстраиваются в одну шеренгу. По команде преподавателя: «К пирамиде - Становись!», студенты выходят на свои исходные точки. Пирамида строится по команде «Начинай!» На первый счёт свои места занимают участники нижнего этажа. На второй счёт выполняют движения участники второго этажа. Пирамида считается построенной, когда все участвующие в ней приняли свои положения и прекратили ненужные движения. Студенты, построив пирамиду, удерживают её в течение нескольких секунд, (не более одного такта музыки), то есть времени, позволяющего её рассмотреть. Разрушение пирамиды происходит по команде руководителя: «Пирамида – Вниз!». Разрушение должно быть крайне быстрым, чётким и последовательным. Уход участников осуществляется организованно. В группах со слабой технической подготовленностью используется простое построение и уход в колонне по одному.

Таким образом, применение гимнастических пирамид на занятиях по физической культуре студентов, способствует совершенствованию силы, ловкости, гибкости, вырабатывается умение согласовать, сочетать свои движения с движениями других участников. Упражнениями в построении пирамид воспитываются волевые качества: решительность, смелость, воля, упорство. Можно отметить положительную роль пирамид в выработке чувства ответственности перед коллективом и дисциплинированности. Кроме того, красивое исполнение гимнастических пирамид воспитывает у студентов чувство красоты и эстетики.

Список используемой литературы:

1. Гимнастика: учеб. для студ. высш. учеб. заведений / под ред. М.Л. Журавина, Н.К. Меньшикова. – 5-е изд. – М.: Издательский центр «Академия», 2008. – 448 с.

2. Гусак Ш. З. «Гимнастические пирамиды» М.- Л., ФИС, 1949 – 103 с.

3. Гусак Ш. З. «Альбом гимнастических пирамид». М: ФИС, 1953 -48 с.

Гладких А.С. – доцент
Клычкова О.В., Тамаров И.С. - старший преподаватель
Давыдов С.А. – преподаватель
Волгоградский государственный технический университет, Волгоград

АНАЛИЗ ИНФОРМАЦИОННОЙ ГОТОВНОСТИ СТУДЕНТОВ ТЕХНИЧЕСКОГО ВУЗА К ОСВОЕНИЮ КОМПЛЕКСА «ГОТОВ К ТРУДУ И ОБОРОНЕ»

В Волгоградском государственном техническом университете было проведено социологическое исследование " В здоровом теле – здоровый дух!!!". Основной целью исследования являлось изучение мнения студентов по вопросу, касающиеся Комплекса ГТО. Государственной программой Российской Федерации «Развитие физической культуры и спорта» доля населения, систематически занимающегося физической культурой и спортом, к 2020 году должна достигнуть 40%, а среди обучающихся – 80%. Согласно плану по поэтапному внедрению Всероссийского физкультурно-спортивного Комплекса «Готов к труду и обороне» (ГТО) на третьем, внедренческом этапе (сентябрь 2015 - декабрь 2016 года) планируется введение комплекса ГТО во все образовательные организации. В связи с этим, возникает вопрос об отношении обучающихся, в частности студентов, к Комплексу ГТО. Объектом исследования явились студенты с разным уровнем здоровья и отнесены к основной, подготовительной и специальной медицинским группам ВолгГТУ 1-х курсов всего участвовало в опросе 34,9% из них юношей 37,3% и девушек – 31,3% (основная медицинская группа – 39,2%, подготовительная медицинская группа 33,6% и специальная медицинская группа – 25%); 2-х курсов 36,1% юношей – 35,6%, девушек – 36,9% (основная медицинская группа – 39,9% подготовительная медицинская группа – 44,0% и специальная медицинская группа – 14,6%), 3-х курсов – 29,0% соответственно юношей 27,1%, девушек 31,8% (основная медицинская группа – 20,9%; подготовительная медицинская группа – 22,4%; и специальная медицинская группа – 60,4%). Всего было опрошено 493 респондента юношей – 295 студентов, а девушек – 198 человек (основная медицинская группа – 263 человека; подготовительная медицинская группа – 134 человека; и специальная медицинская группа – 96 студента). Отношение студентов к возвращению норм ГТО не однозначно: 34,9% опрошенных студентов из них юношей - 39,9%, а девушек – 28,3% относятся к этому положительно и считают, что возрождение сдачи норм ГТО не только положительно отразится на физической подготовке людей и их здоровье, но и на образе их жизни (основная медицинская группа – 42,2%, подготовительная медицинская группа – 25,4%, а специальная медицинская группа – 28,1%); 30,6%

респондентов соответственно юношей - 26,4% и девушек - 36,9% согласны, что возрождение норм ГТО – это значительный шаг на пути к здоровому образу жизни, но лично им будет нелегко их сдать (основная медицинская группа – 27,0%, подготовительная медицинская группа – 35,1%, а специальная медицинская группа – 34,4%); 10,5% опрошенных юношей - 8,8% и девушек – 13,1% относятся к этому отрицательно, считают, что физкультура - дело добровольное, она не должна быть "обязаловкой" (основная медицинская группу – 10,3%, подготовительная медицинская группа – 9,7%, а специальная медицинская группа – 12,5%); а 22,7% студентов юношей – 24,9%, а девушек – 20,2% вообще все равно (основная медицинская группа – 19,4%, подготовительная медицинская группа – 28,4% и специальная медицинская группа – 24,0%). Знакомы ли Вы с содержанием нормативов ГТО: всего 25,6% опрошенных студентов из них юношей – 26,8%, девушек – 23,7% (основная медицинская группа – 27,8%, подготовительная медицинская группа – 23,9%, а специальная медицинская группа – 21,9%), 51,9% респондентов, в том числе юношей – 50,2%, а девушек – 54,4% (основная медицинская группа – 49,0%, подготовительная медицинская группа – 56,7%, а специальная медицинская группа – 53,1%) честно ответили, что не знакомы и 22,5% так же юношей – 23,1%, девушек – 21,7% (основная медицинская группа – 23,2%, подготовительная медицинская группа – 19,4%, а специальная медицинская группа – 25,0%) студентов затруднились с ответом. По-мнению наших студентов, в комплекс ГТО входят следующие виды испытаний: подтягивание на турнике отметили 63,7% респондентов юношей – 66,1% и девушек – 60,1% из них (основная медицинская группа – 66,9%, подготовительная медицинская группа – 62,7%, а специальная медицинская группа – 56,3%); бег на короткие дистанции – 63,3% из них юношей 62,4% и девушек - 64,6% (основная медицинская группа – 65,8%, подготовительная медицинская группа – 58,2%, а специальная медицинская группа – 63,5%); бег на средние и длинные дистанции – 57,6% это 60,0% юношей и 54,0% девушек (основная медицинская группа – 58,9%, подготовительная медицинская группа – 53,7%, а специальная медицинская группа – 59,4%); прыжки в длину с места – 47,5% из них 47,1% юношей и 48,0% девушек (основная медицинская группа – 51,7%, подготовительная медицинская группа – 42,5%, а специальная медицинская группа – 42,7%); плаванье – 40,0% юношей – 42,2%, а девушек – 36,4% (основная медицинская группа – 39,5%, подготовительная медицинская группа – 37,3%, а специальная медицинская группа – 44,8%); сгибание рук, в упоре лежа – 39,6% юношей – 42,0% и девушки – 35,9% (основная медицинская группа – 43,3%, подготовительная медицинская группа – 35,1%, а специальная медицинская группа – 35,4%); метание спортивного снаряда – 38,3% из них юношей36,9, а девушек 40,4% (основная медицинская группа – 41,1%, подготовительная медицинская группа – 35,8%, а специальная медицинская группа – 34,4%); стрельба из пневматической винтовки – 37,5% юношей - 37,3% и девушек 37,9% (основная медицинская группа – 38,8%, подготовительная медицинская группа – 34,3%, а специальная медицинская группа – 38,5%); прыжки в длину с разбега – 32,9% юношей – 32,5%, девушки – 33,3% (основная медицинская группа – 31,2%, подготовительная медицинская группа – 35,1%, а специальная медицинская группа – 34,4%); бег на лыжах – 23,3% юношей – 24,7% и девушек – 21,1% (основная медицинская группа – 24,7%, подготовительная медицинская группа – 17,2%, а специальная медицинская группа – 28,1%); рывок гири – 21,1% юноши – 21,4% и девушки – 20,7% (основная медицинская группа – 20,5%, подготовительная медицинская группа – 17,9%, а специальная медицинская группа – 27,1%); наклоны вперед – 17,8% юношей – 16,6%, а девушек 19,7% (основная медицинская группа – 20,5%, подготовительная медицинская группа – 13,4%, а специальная медицинская группа – 16,7%); перетягивание каната – 12,8% юношей – 10,2% и девушек – 16,7% (основная медицинская группа – 12,2%, подготовительная медицинская группа – 9,7%, а специальная медицинская группа – 18,8%); прыжки в высоту – 11,4% юноши – 11,2 и девушки – 11,6% (основная медицинская группа – 12,2%, подготовительная медицинская группа – 10,4%, а специальная медицинская группа – 10,4%); жим штанги, лежа – 11,0% юноши – 14,2% и девушки – 6,1% (основная медицинская группа – 10,6%, подготовительная медицинская группа – 9,7%, а специальная медицинская группа – 13,5%); борьба на руках – 9,9% юноши – 11,5%, а девушки – 7,6% (основная медицинская группа – 9,9%, подготовительная медицинская группа – 9,7%, а специальная медицинская группа – 10,4%); бег на коньках – 6,5% юноши – 7,5%, а девушки – 5,1% (основная медицинская группа – 8%, подготовительная медицинская группа – 4,5%, а специальная медицинская группа – 5,2%). Реальный же список испытаний не включает: перетягивание каната; прыжки в высоту; жим штанги, лежа; борьба на руках; бег на коньках. Но эти виды испытаний и набрали наименьшее количество выборов. Более 50% студентов не занимаются систематически физкультурой и спортом (не считая обязательных занятий по физической культуре). Необходимо активизировать усилия по привлечению студентов к регулярным занятиям физкультурой и спортом для успешной сдачи нормативов Комплекса ГТО и приобщения к здоровому образу жизни. Таким образом, можно сделать вывод о том, что, несмотря на достаточное освещение Комплекса ГТО средствами массовой информации большинство студентов на данный момент не информировано о нем, его целях, задачах и нормативах.

Кондратюк Л.Н.

к.т.н., доцент,
Финансовый университет при Правительстве РФ,
г. Москва

РОДНОЙ ЯЗЫК И ПЕРЕВОД В ОБУЧЕНИИ ИНОСТРАННЫМ ЯЗЫКАМ В НЕЯЗЫКОВОМ ВУЗЕ

Вопрос целесообразности использования родного языка, а также перевода в обучении иностранным языкам остается открытым, начиная, как минимум, с конца XIX века. До этого доминирующей формой обучения языку был грамматико-переводной метод. Метод был раскритикован за злоупотребление переводом, взятым за основу обучения иностранному языку. Со временем накопившиеся претензии к грамматико-переводному методу свелись к аргументам против всякого использования перевода в обучении иностранному языку (ИЯ) [5, 8; 2, 7; 3, 61]. На протяжении большей части 20-го века на использование родного языка в преподавания иностранного языка было наложено табу [5, 8], а многие западноевропейские и североамериканские методисты поддерживают монолингвальный подход [6, 149-164], основываясь на принципе, что в классе должен звучать только изучаемый язык.

Однако, как показывает наш личный опыт, так и недавно проводимые в этой области исследования [7, 135-145], полный отказ от использования родного языка, а также перевода в обучении иностранному языку не представляется целесообразным.

Говоря об использовании родного языка в обучении ИЯ в неязыковом вузе надо отметить, что общепринятый язык, на котором ведется профессиональное обучение в вузе, не всегда совпадает с родным языком обучающихся.

Для условного обозначения общепринятого языка, на котором ведется профессиональное обучение в вузе и который, помимо изучаемого иностранного языка, может использоваться в обучении, далее будет использоваться название «Язык 1» (Я1).

Следует подчеркнуть, что мы не сводим проблему использования Я1 к проблеме использования перевода в обучении иностранному языку (ИЯ). В данном случае речь идет об использовании Я1 в контексте применения перевода в обучении ИЯ. При этом перевод рассматривается нами как средство в обучении ИЯ и не является целью обучения.

В рамках изучения проблемы использования Я1 в обучении ИЯ в неязыковом вузе нами было проведено анкетирование среди преподавателей ИЯ вуза экономического профиля. Целью анкетирования было выявление отношения преподавателей ИЯ к использованию Я1 в их практической деятельности, а также степени использования Я1 непосредственно ими и их студентами. Анкетирование охватывало следующие вопросы:

ситуации предполагаемого использования Я1 обучающимися в аудитории;

мнение преподавателя, касающееся использования родного языка в аудитории;

возможные аргументы преподавателя за использование Я1 в аудитории;

возможные аргументы преподавателя против использования Я1 в аудитории;

учебно-методические материалы, используемые в учебном заведении, где работает преподаватель;

факторы, влияющие на преподавательскую деятельность.

Также в анкету были включены вопросы, касающиеся педагогического опыта, квалификации, специфики преподавательской деятельности, уровня владения языком у их студентов.

В опросе приняло участие 30 преподавателей иностранного языка вуза экономического профиля. У 27% опрошенных опыт преподавания ИЯ на момент исследования составлял более 25 лет (Таблица 1). Из них диплом магистра/специалиста имеют 87%. Также 40% опрошенных имеют ученую степень кандидата наук.

Опыт преподавания ИЯ (в годах)	Преподаватели (%)
0 - 4	7
5-9	20
10-14	13
15-19	13
20-24	20
25+	27

Таблица 1. Опыт преподавания ИЯ у опрошенных преподавателей.

В результате исследования нами было выявлено следующее.

Все преподаватели без исключения в той или иной степени используют Я1 при обучении ИЯ (Рис. 1). При этом чаще всего это происходит в следующих ситуациях: объяснение новой лексики (81%); объяснение грамматики (74%); уточнение значения непонятных слов (87%); контроль и оценка уровня усвоения материала обучающимися (72%). При этом ни один из опрошенных не исключает Я1 из объяснения новой лексики и уточнения значения непонятных слов; только 7% не используют Я1 при объяснении грамматики.

Что касается контроля усвоения материала обучающихся и оценки их уровня владения языком, 60% опрошенных преподавателей в той или иной мере применяют Я1, 13% редко его используют, 23% – никогда. В комментариях к письменным работам обучающихся 73% опрошенных преподавателей используют Я1, приблизительно столько же прибегают к Я1 для поддержания дисциплины.

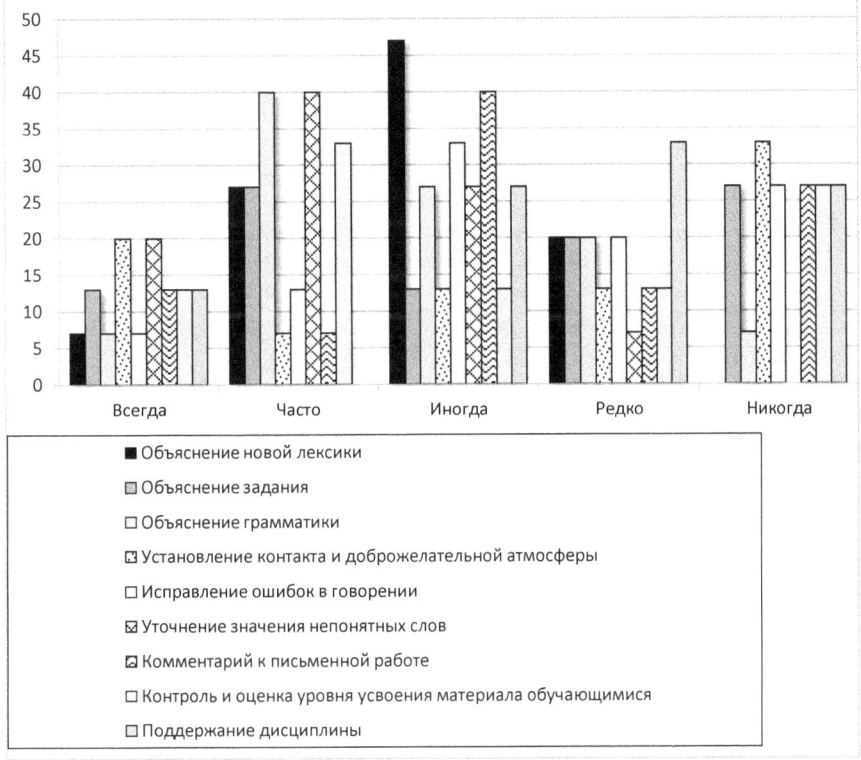

Рис. 1. Ситуации, в которых преподаватели используют Я1 на занятиях по иностранному языку (в %).

Говоря о практическом применении Я1 обучающимися (Рис. 2), по оценке преподавателей все студенты используют двуязычные словари или двуязычные списки слов, из них 20% делают это редко. 60% обучающихся часто или иногда сопоставляют грамматику ИЯ с грамматикой Я1.

По оценке преподавателей все без исключения студенты делают устный перевод, а также 93% студентов с варьируемой частотностью делают письменный перевод.

Примечателен тот факт, что для 74% обучающихся перед переключением на иноязычную речевую деятельность требуется подготовка к ней на Я1.

Также студенты смотрят видео на иностранном языке с субтитрами на Я1: 13% – часто, 27% – иногда, 20% – редко.

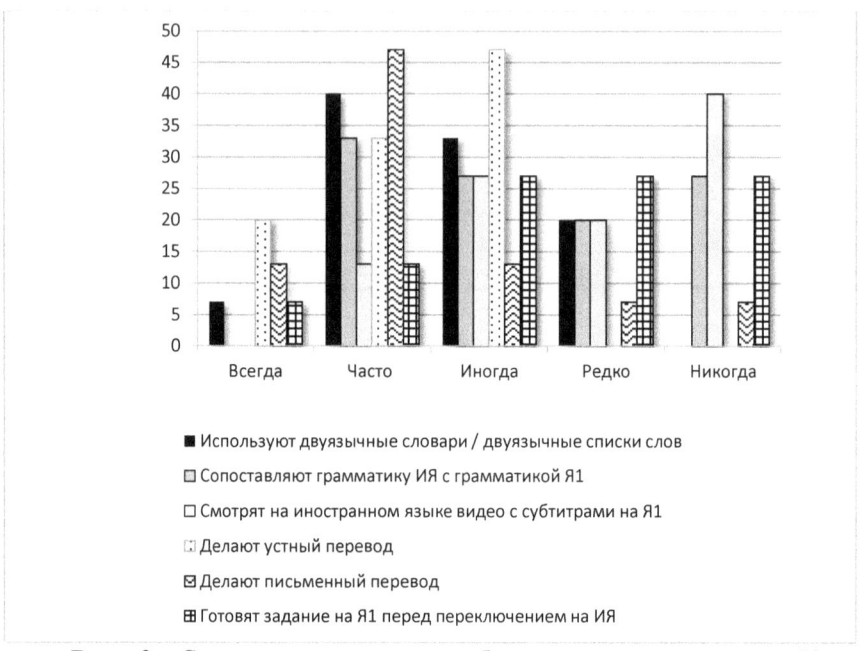

Рис. 2. Ситуации, в которых обучающиеся используют Я1 в изучении ИЯ (в %).

Мнение преподавателей по поводу использования Я1 в аудитории распределилось следующим образом (Таблица 2):

60% преподавателей старается исключить Я1 из проведения своих занятий, 13% с такой позицией не согласны, 27% занимают нейтральную позицию; 87% опрошенных разрешает использование Я1 на занятии только в отдельных ситуациях; 93% преподавателей в большей или меньшей степени уверены, что доминирующим языком на занятии должен быть изучаемый ИЯ; 67% чувствуют неудовлетворенность от того, что другие языки, помимо ИЯ, используются на занятии; 47% опрошенных согласны, что использование Я1 облегчает выражение культурной и языковой самобытности обучающихся.

	Полностью согласен	Согласен	Ни "ДА", ни "НЕТ"	Не согласен	Категорически не согласен
Я стараюсь исключить Я1	13	47	27	13	0
Я разрешаю использование Я1 на занятии только в отдельных ситуациях	20	67	0	13	0
Доминирующим языком на занятии должен быть изучаемый ИЯ	67	26	7	0	0
Я чувствую неудовлетворенность, если другие языки, помимо ИЯ, используются на занятии	14	13	40	33	0
Использование Я1 облегчает выражение культурной и языковой самобытности обучающихся	7	40	26	20	7

Таблица 2. Позиция респондентов по поводу использования Я1 в аудитории.

Соотношение аргументов «ЗА» и «ПРОТИВ» использования Я1 в аудитории продемонстрировано в Таблицах 3, 4.

	Слабый аргумент «ЗА»	Ни "ДА", ни "НЕТ"	Сильный аргумент «ЗА
Обучающимся нравится использовать родной язык на занятиях по ИЯ	67	13	20
Передача смысла на родном языке целесообразна ввиду экономии времени	40	13	47
Использование родного языка способствует совместной работе обучающихся	60	20	20
Обучающиеся могут сопоставлять новые знания об иностранном языке со знаниями о родном языке	26	27	47
Использование родного языка понижает степень неуверенности и волнения обучающихся	40	27	33

Перевод является эффективным средством в обучении иностранному языку	20	20	60

Таблица 3. Аргументы респондентов за использование родного языка обучающихся в аудитории.

	Сла-бый аргу-мент «ПРО ТИВ»	Ни "ДА", ни "НЕТ"	Силь-ный аргу-мент «ПРО ТИВ
Использование родного языка сокращает возможность слышать и понимать иностранный язык	14	7	79
В многонациональных классах использование родного языка нецелесообразно	14	20	66
Говоря на родном языке, обучающиеся тем самым сокращают время практического применения иностранного языка	13	20	67
Использование родного языка вызывает интерференцию (отрицательный перенос с родного языка обучающегося на иностранный язык)	53	13	34
Обучающиеся предпочитают занятия, проводимые только на изучаемом иностранном языке	40	33	27
Использование родного языка мешает обучающимся думать на изучаемом иностранном языке	40	20	40

Таблица 4. Аргументы респондентов против использования родного языка обучающихся в аудитории.

Обращаясь к мнению признанных отечественных методистов и рассмотрев использование перевода с точки зрения обучения различным видам речевой деятельности и различным аспектам языка, [1, 242-243, 256-257, 306, 317-318], а также изучив результаты анкетирования преподавателей, мы пришли к выводу, что использование перевода в вузе экономического профиля целесообразно в обучении таким видам речевой деятельности, как чтение и письмо, а также таким аспектам языка, как лексика и грамматика.

По нашему мнению, здесь необходимо упомянуть о принципиальных различиях между переводом с Я1 на ИЯ и переводом с ИЯ на Я1 в обучении иностранному языку. По мнению М. Даковски, изучаемый ИЯ является «более слабым» по сравнению с Я1. Если, обучающийся преобразует иноязычное предложение в предложение на Я1, при условии, что смысл иноязычной фразы ему понятен, а речевая деятельность осуществляется на Я1, польза от такого вида работы с точки зрения практического применения ИЯ незначительна. При данном виде работы преподаватель использует перевод в основном в качестве контроля понимания текста. Когда же фраза для перевода предоставлена на Я1, обучающийся должен преобразовать ее во фразу на «слабом» для него языке, иностранном языке, поэтому преимуществ у такого перевода в плане практического применения ИЯ гораздо больше [4, 30].

В заключение хотелось бы сказать, что мы считаем перевод вполне оправданным средством в обучении ИЯ бакалавров неязыкового вуза. Однако его применение должно быть тщательно взвешенным. Предпочтение должно отдаваться переводу с родного языка на иностранный язык.

Также, отдавая должное одноязычным учебникам, созданным носителями языка, нельзя не признать отсутствие адаптированности под обучающегося-носителя определенного языка в качестве их недостатка. Двуязычные учебники, или, по крайней мере, двуязычные учебно-методические материалы, дополняющие одноязычные учебники, созданные носителями языка, по нашему мнению, необходимы для обучения бакалавров в вузе экономического профиля. Тем более что опыт создания таких учебных пособий сейчас получает распространение среди отечественных преподавателей-методистов.

Литература

1. Гальскова Н. Д., Гез Н. И. Теория обучения иностранным языкам. Лингводидактика и методика. М.: Издательский центр «Академия», 2006. - 335 с.

2. Леонтьев А. А. Проблема опоры на родной язык и типология речевых действий // Вопросы психолингвистики и преподавания русского языка как иностранного. - М., 1971. - С. 7.

3. Пассов Е. И. Основы коммуникативной методики обучения иноязычному общению. - М.: Русский язык, 1989. - С. 61.

4. Dakowska M. Teaching English as a Foreign Language. A Guide for Professionals. - Warszawa: Wydawnictwo naukowe, 2005. – С. 30.

5. Hall G., Cook G. Own-language use in ELT: exploring global practices and attitudes. // ELT Research Papers 13-01. – London: King's College, Northumbria University, 2013. - С. 7-8.

6. Widdowson H. G. Defining issues in English language teaching. - Oxford: OUP, 2003. - С. 149-164.

7. Translation and language learning: The role of translation in the teaching of languages in the European Union. Directorate-General for Translation, European Commission, 2013. – С. 135-145.

Болеев К., Акиубекова А.А.

доктор педагогических наук, профессор,ТИГУ, магистрант

КРИТЕРИИ И ПОКАЗАТЕЛИ СФОРМИРОВАННОСТИ ЗДОРОВОГО ОБРАЗА ЖИЗНИ МЛАДШИХ ШКОЛЬНИКОВ

В исследованиях по педагогической валеологии проблема диагностики и прогнозирования результатов формируемого процесса находится в стадии становления. В известных программах по валеологии авторы подходят к результатам работы с точки зрения приоритетных функций [1,15]. Каковы изменения в образе жизни детей - эти показатели тоже не присутствуют. Мы разработали критерии и показатели сформированности здорового образа жизни младших школьников в соответствии с задачами поставленного нами исследования. Результат формирования здорового образа жизни у младших школьников будет успешным при соблюдении ряда условий: формировании оптимистичной «Я – концепции» с использованием совокупности методов, воздействующих на интеллектуальную, эмоционально-волевую и практически-действенною сферы личности; системности формируемых воздействий; принятии и совместной реализации идеи формирования здорового образа жизни педагогами и родителями. Мы рассматривали опыт субъекта в овладении им основами здорового образа жизни. Опыт ребенка в овладении основами здорового образа жизни рассматривался по *трем критериям: познавательном, мотивационном и поведенческом.*

Познавательный критерий характеризуется следующими по- казателями: прочные знания об основных органах и системах организма; представление о здоровье в единстве физического, психического и нравственного здоровья (целостное Я); осознание ценности здоровья для всех сфер жизнедеятельности человека; знание основных законов (взаимосвязей) здоровья; умения выполнять упражнения /профилактические, мобилизационные, релаксационные/ приемы для изменения состояния; умение пальпировать пульс; умение выражать свое состояние (физическое, эмоциональное) словами; аргументировать выбор тех или иных приемов и способов жизнедеятельности направленных на сохранение, укрепление здоровья, увеличение его резервов [2,5].

Мотивационный критерий характеризуется следующими по- казателями: желание изучать себя, законы здоровья, свое здоровье; интерес к самоизучению; осознание ценности здоровья и ответственности за него; преобладание внутренних мотивов над внешними; наличие волевых сознательных усилий; репродуктивный или творческий подход ребенка к выбору тех или иных способов на благо здоровья в зависимости от возможностей, состояния, настроения, сезонных изменений.

Поведенческий критерий характеризуется следующими показателями: степень стабильности выполнения гигиенических норм, занятий физкультурой и спортом, отказ «от вредностей»; наличие разнообразных приемов, способов, упражнений для укрепления, коррекции здоровья, увеличения его резервов, адекватных «Я» ребенка.

Степень выраженности показателей в их совокупности составили *высокий, средний и низкий уровни.*

В соответствии с выделенными показателями высокий уровень сформированности характеризуется: ребенок понимает, что здоровье зависит от многих факторов в окружающей среде, но в значительной мере от поведения самого человека; знает основные органы и системы организма; знает основные способы ЗОЖ в их влиянии на физическое; психическое здоровье; знает, что такое наследственность, иммунитет; имеет представление о здоровье в единстве трех составляющих: физическое, психическое и нравственное здоровье (три силы здоровья); понимает ценность здоровья; умеет доказать значение здоровья для будущего и реальной жизни: учебы, любимых дел и др.; знает, что человек без природы не сможет жить; понимает взаимосвязь здоровья человека и здоровья природы; умеет пальпировать пульс; знает, что пульс повышается при физической нагрузке, при стрессах; знает, что у тренированного человека пульс реже, что пульс у тренированного быстрее возвращается в норму, понимает роль волевых усилий в формировании здорового образа жизни, в учебе, в жизни, умеет выполнять дыхательные упражнения (с задержкой дыхания) для снятия стресса. Главной характеристикой высокого уровня является ответственное отношение к здоровью (Я сам!), а также интерес к познанию своего физического, психического, нравственного Я, интерес к изучению здоровья и всего, что с ним связано, позитивное отношение к себе, оптимистический настрой на долгую, счастливую жизнь, аргументированность отдельных способов, приемов, упражнений, способность отстаивать свою точку зрения.

Средний уровень характеризуется: недостаточно четкое представление о существующих взаимосвязях: здоровья и поведения, здоровья и образа жизни, физического, психического и нравственного здоровья (называют силу тела и силу ума или тело и добро и т. д) недостаточное осознание системности здорового образа жизни при знании его основных факторов; в мотиве «Я сам!» и соответственно в выборе способов здорового образа жизни больше ориентация на внешние стимулы: похвала, желание соответствовать требованиям взрослых и др.; в аргументации прибегают к репродуктивному воспроизведению того, что услышали на занятиях. Однако для этих детей характерен высокий уровень интереса к самоизучению, самопознанию, активность, интерес к занятиям. В поведении присутствует нормативная часть, но в менее стабильном проявлении, вариативная часть проявляется в зависимости от интереса ребенка, она то появляется, то исчезает. Разрыв с высоким уровнем готовности в основном из-за недостаточности волевого развития, хотя старания ребенка в этом направлении явно присутствуют.

Для *низкого уровня* характерен низкий уровень волевого развития, присутствует некоторая апатичность, равнодушие к себе, своим достижениям и неудачам. Однако необходимо отметить, что в карточках «Сила воли» дети этой группы тоже значительно увеличивали свой количественный состав способов здорового образа жизни, а потом снова наступал спад.

При анализе результатов работы по формированию здорового образа жизни необходимо учитывать, что многие поведенческие стереотипы формируются под влиянием социальной среды у детей еще в дошкольном возрасте, но могут в течение длительного латентного периода не проявляться, создающаяся ситуация «черного ящика» затрудняет деятельность педагога. В тоже время существует «дремлющий» или «отсроченный» эффект, когда какое-то качество, черта личности долгое время существует в виде скрытого предрасположения и определяется на определенном этапе развития.

Литература:

1.Ковалько В.И.Здоровьесберегающие технологии в начальной школе 1-4 классы/В.И.Ковалько.-М.:ВАКО.-2008.- С-296.

2. Бутова С.В. Оздоровительные упражнения на уроках /С.В.Бутова//Начальная школа.-№8.-2006.-С-98.

Kravchenko E.V.
Candidate of Philological Sciences, Far Eastern Federal University,
Vladivostok, Russia
kravchalena73@gmail.com

TEACHING ENGLISH LANGUAGE
THROUGH MIND MAPPING TECHNIQUE

Good knowledge of subjects, the English language in particular, opens up the possibility of getting highly paid job for students. To help students use the English language successfully is one of the present-day higher school education goals.

Today the ability to work with information (to extract, process, use) came to the fore as well as the ability to respond and effectively use the rapidly emerging and developing innovations. Mind mapping is a highly effective way of getting information in and out of our brain. Mind mapping is a creative and logical means of note-taking and note-making that literally "maps out" our ideas. This technique converts a long list of monotonous information into a colorful, memorable and highly organized diagram that works in line with your brain's natural way of doing things [1].

A Mind map is a diagram used to visually outline information. It consists of a central node, branches and sub-branches. It is preferable to draw wavy lines (branches); the central lines can be thicker than the other ones. Major categories radiate from a central node, and lesser categories are sub-branches of larger branches. Categories can represent words, ideas, tasks or other items related to a central key word or idea. Each main idea should have different color. Color can help to show the organization of the subject [4].

Mind maps can be drawn by hand or made as higher quality pictures.

Traditional mind mapping software helps people visualize their ideas. The list of notable Mind mapping applications can include some pieces of both commercial (MindGenius, MindMaple, XMind, ProMind42, Edraw, Mindmap etc.) and non-paid software (CAM editor, CMART Tools, Compendium, Free Mind, VUE, XMind etc.).

Visual supports in the form of Mind maps can help students organize ideas in speaking and writing and lead to improving their oral proficiency. As a result, learning becomes more effective because connections are made and structured. Mind maps reflect this; they appeal to different learning styles such as visual, kinesthetic and motivate students to think about connections in their learning content.

Whether students are at a conference or in a lecture hall, taking notes in a mind map is easier and more practical. Learners can plan events (to write or tell a story in the class), learn English vocabulary, grammar and work with the texts [2, 3].

A simple example of vocabulary learning with the help of a Mind map is shown in Figure 1.

Figure 1.

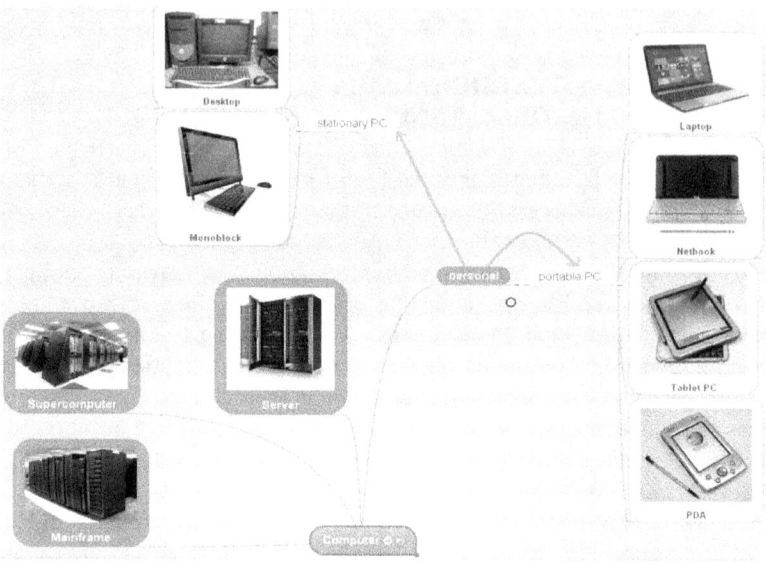

Mind maps are effective in teaching as their visual design enables students to see the relationship between ideas, and encourages them to group certain ideas together as they proceed. Students can be offered to use Mind maps instead of usual line planning. Mind maps work especially well when created in groups and make the task more enjoyable. As a result, students can exchange their works and choose the most successful Mind map, explaining their choice.

Mind mapping offers a great way of working on different topics as well.

Figure 2.

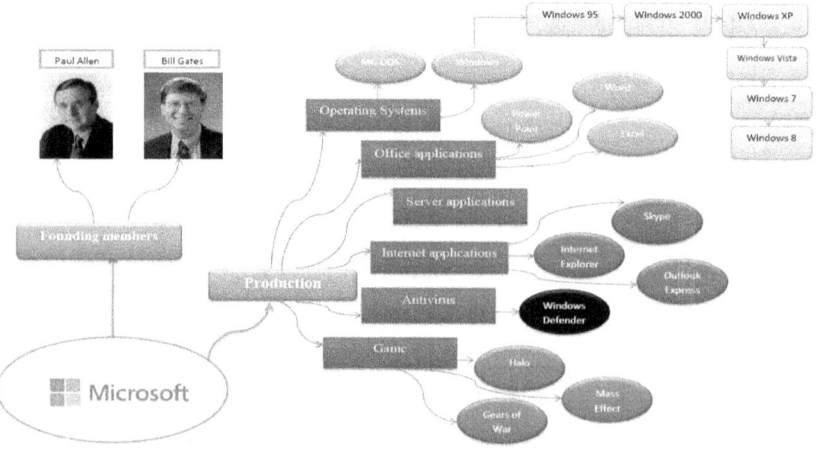

Thus, when using this technique in the class, we encourage learners to obtain and process information and express ideas in various ways. Regular practice is needed for the mastery of mind-mapping techniques that can be applied to students with different levels of competence.

References

1.   Buzan, T. (1976). Use Both Sides of Your Brain. New York: E. P. Dutton & Co. Buzan,T..

2.   Siriphanic, P., Laohawiriyano, C. (2010) Using mind mapping technique to improve reading comprehension ability of Thai EFL university students. A paper presented at the 2nd International Conference on Humanities and Social Sciences on April 10th, 2010 in Faculty of Liberal Arts, Prince of Songkla University Strategies.

3.   Gu, Y. (2010) Learning Strategies for Vocabulary Development. Reflections on English Language Teaching, vol. 9, no. 2, pp.105-118.

4.   Mind Mapping: Scientific Research and Studies, Think Buzan LTD, 86 p. – retrieved from http://b701d59276e9340c5b4d-ba88e5c92710a8d62fc2e3a3b5f53bbb.r7.cf2.rackcdn.com/docs/Mind%20Mapping%20Evidence%20Report.pdf

Корнилова В.В.
канд.пед.наук, доцент кафедры рекламы и связей с общественностью
филологического факультета
ФГАОУ ВПО «Северо-Восточный федеральный университет
имени М.К. Аммосова», Якутск, Россия

РЕКЛАМНЫЙ БЛОКНОТ КАК ФОРМА ОЦЕНКИ САМОСТОЯТЕЛЬНОЙ РАБОТЫ СТУДЕНТОВ

Актуальной проблемой образовательного процесса в контексте современных реалий становится самостоятельная учебно-познавательная деятельность обучающихся, при осуществлении которой у студентов возникают определённые трудности. В связи с этим при реализации компетентностного подхода следует особое уделять формам оценки уровня сформированности профессиональных компетенций при выполнении самостоятельной работы для повышения качества обучения.

Для оценки знаний, умений, навыков студентов – будущих бакалавров рекламы и связей с общественностью в ФГАОУ ВПО «Северо-Восточный федеральный университет имени М.К. Аммосова» (далее по тексту – СВФУ) нами применяется рекламный блокнот. Он представляет собой самостоятельный труд обучающегося, способствующий более углублённому изучению пройденного материала по курсу общепрофессиональной дисциплины «Основы рекламы» и получения специальных знаний в этой области, формирования профессиональных умений и навыков, а также оценки самостоятельной работы студентов и определения их уровня подготовленности к рекламной деятельности. Данный рекламный блокнот является обязательным для студентов 1 курса.

Рекламный блокнот составлен в соответствии с научно-методическими рекомендациями по реализации ООП ВПО по направлению подготовки «Реклама и связи с общественностью», Положением о балльно-рейтинговой системе, принятом в СВФУ, и позволяют обеспечить формирование следующих профессиональных компетенций, формируемых при освоении курса дисциплины «Основы рекламы»: ОПК-1: способностью осуществлять под контролем профессиональные функции в области рекламы и связей с общественностью в различных структурах; ПК-6: способностью участвовать в создании эффективной коммуникационной инфраструктуры организации, обеспечении внутренней и внешней коммуникации.

Объём и содержание заданий для рекламного блокнота определены рабочей программой дисциплины «Основы рекламы» с учётом количества часов на самостоятельную работу студентов.

Целью использования рекламного блокнота во время выполнения самостоятельной работы студентами является более глубокое овладение знаниями в области рекламы, развитие профессионального интереса к научно-исследовательской работе и освоение основной образовательной программы по направлению подготовки «Реклама и связи с общественностью».

Выполнение самостоятельных заданий в рекламном блокноте следует начинать с повторения пройденной темы с опорой на соответствующие разделы учебников и учебных пособий. Начинать работу следует с обращения к терминологическому словарю, так как обучающийся ещё плохо ориентируется в материале и не сможет разграничить прилегающие вопросы и сосредоточить своё внимание на круге основных проблем в области рекламной деятельности.

Рекламный блокнот создаётся студентом в специальной папке, оформленной согласно предлагаемой преподавателем структуре.

Структурно рекламный блокнот состоит из следующих глав:

Глава 1 «*Теоретическая работа студента*»:

Студентам следует дополнительно изучить различные электронные образовательные ресурсы, посвященные рекламе и содержащие новости, обзоры событий и другую информацию из этой области. В результате обучающийся должен составить конспект, обязательно включая режим доступа, дату обращения, название, автора, дату публикации, страницы, если таковые имеются. Подобное чтение материалов позволит будущим рекламистам войти в курс проблем и достижений в области рекламы.

Глава 2 «*Практическая работа студента*»:

Студентам следует выполнить письменную аналитическую работу, содержащую критическое осмысление изучаемого материала, составить своё собственное мнение, предложить пути решения выявленных проблем, а также авторскую разработку рекламных продуктов.

Глава 3 «*Печатная и электронная реклама*»:

Студентам следует составлять рекламные объявления. Каждый пример рекламного объявления должен храниться на соответствующем оригинальном носителе и сопровождаться комментарием автора, обосновывающим своё мнение.

Вышеперечисленные материалы должны быть собраны в отдельную папку названием «Рекламный блокнот Ф.И.О. (автора) студента (группа)».

Каждый вид самостоятельной работы должен сопровождаться заданием и порядковым номером, указанным преподавателем для облегчения последующей проверки.

Собранная коллекция наглядно отразит ступени роста студента и подтвердит сформированные профессиональные компетенции на промежуточных испытаниях и итоговом контроле.

В завершение работа над рекламным блокнотом должна получить соответствующую рецензию преподавателя с дифференцированной оценкой по следующим критериям:

• уровень эрудиции по курсу дисциплины «Основы рекламы» (актуальность рассматриваемой проблемы, степень осведомлённости студента о состоянии рекламного рынка, полнота цитирования используемой литературы, качество использования результатов научных исследований и установленных фактов);

• собственные достижения по курсу дисциплины «Основы рекламы» (дополнительные знания, полученные в результате работы над рекламным блокнотом, помимо предложенной преподавателем рабочей программы дисциплины, новизна представляемого материала, уровень владения темой и теоретическое значение исследуемой проблематики);

• характер выполненной самостоятельной работы по курсу дисциплины «Основы рекламы» (грамотность и логичность изложения материалов, правильное оформление рекламного блокнота, соответствие требованиям преподавателя).

В соответствии с действующей в СВФУ балльно-рейтинговой системой преподаватель доводит шкалу получаемых баллов за разработку отдельных глав рекламного блокнота на основании критериев, утверждённых вузом. Критерии оценок могут уточняться преподавателем, в соответствии с внесением изменений в рабочую программу дисциплины «Основы рекламы».

Таким образом, статья посвящена актуальной теме повышения качества профессиональной подготовки студентов и выбору наиболее эффективных форм оценки самостоятельной работы будущих бакалавров рекламы и связей с общественностью. Одной из форм оценки может стать рекламный блокнот. Данная форма предусматривает логически последовательное выполнение самостоятельной работы, которая позволяет преподавателю оценить уровень сформированности профессиональных компетенций в сфере рекламы и связей с общественностью.

Итак, рекламный блокнот – это самостоятельный труд обучающегося, способствующий более углублённому изучению пройденного материала по курсу общепрофессиональной дисциплины «Основы рекламы» и получения специальных знаний в этой области, формирования профессиональных умений и навыков, а также оценки самостоятельной работы студентов и определения их уровня подготовленности к рекламной деятельности. На наш взгляд, он является одним из эффективных форм оценки самостоятельной работы будущих бакалавров рекламы и связей с общественностью, позволяющей определить уровень сформированности профессиональных компетенций и скорректировать знания, умения и навыки на старших курсах при изучении дисциплин бакалавриата.

Глебов В.В.
аспирант Московского городского педагогического университета ймл
tatianashap@inbox.ru

ВОЗМОЖНОСТИ ВЫСТАВОЧНОЙ ДЕЯТЕЛЬНОСТИ В ФОРМИРОВАНИИ ЭСТЕТИЧЕСКИХ ПОТРЕБНОСТЕЙ У МЛАДШИХ ШКОЛЬНИКОВ

Проблема развития эстетических потребностей детей младшего школьного возраста остаются на сегодняшний день мало изученной и недооцененной в педагогической практике. Между тем именно в этот период начинается процесс социализации, устанавливается связь ребенка с ведущими сферами бытия: миром людей, природы, предметным миром. Происходит приобщение к культуре, к общечеловеческим ценностям. Маленький человек приходит в мир с уже имеющимся «багажом» эстетических потребностей, данных ему при рождении. Не случайно из двух или нескольких предложенных игрушек малыш выбирает более яркую, эмоционально реагирует на музыку, с интересом слушает ритмическую речь (стихи) и т. д. Важно продолжать это развитие в младшем школьном возрасте, когда ребенок – исследователь, с радостью и удивлением открывающий для себя окружающий мир, и очень важно, каким внутренним «компасом» в открытии этого мира он будет пользоваться.

Формирование творческой личности – одна из важных задач педагогической теории и практики на современном этапе. Решение ее должно начаться уже в дошкольном и продолжаться в младшем школьном возрасте, а затем - на протяжении всей жизни современного человека. Ученые доказали, что эстетические потребности неразрывно связаны с нравственными началами личности. Проблема происхождения и развития нравственно-эстетического отношения к окружающей действительности, в том числе у детей, нашла отражение в философских научных трудах (Ю. Б. Борев, А. И. Буров, А. К. Дремов и др.), в психолого-педагогических исследованиях (П. П. Блонский, Л. А. Венгер, Л. С. Выготский, Н. А. Ветлугина, Т. С. Комарова, А. А. Мелик-Пашаев, З. Н. Новлянская и др.).

Развитие эстетических потребностей ребенка – первый шаг педагогического воздействия на этом пути и в этом воздействии может играть огромную роль выставочная деятельность. В исследованиях она редко выделяется в качестве самостоятельного средства. На первое место учеными и практиками выводятся беседы и наблюдения, познавательная (в смысле пополнения информации) и творческая деятельность, что абсолютно резонно. Тем не менее, выставочная деятельность может рассматриваться в общей системе педагогического воздействия как самостоятельное средство, обладающее особым развивающим потенциалом и своими специфическими технологиями.

Наблюдая, анализируя и впоследствии создавая что-то свое, оригинальное, отличное от увиденного, ребенок обязательно хочет сделать свое творение общедоступным, он обязательно должен показать его маме, папе, воспитателю, получить одобрение. Без этого итогового этапа процесс собственного творчества обесценивается. Нет обратной связи – нет отклика на созданное – исчезает мотивация к творчеству. Исчезает мотивация – гаснут эстетические потребности. Поэтому организация выставок детского творчества в дошкольных образовательных учреждениях, учреждениях дополнительного образования, культуры и т.д. имеет безусловный двусторонний эффект: выставка детского творчества не только преподносит взрослым и детям результаты определенного этапа эстетического и художественного воспитания детей, но и дает толчок к новому творческому витку в их развитии, формирует новые эстетические представления, чувства и, как результат, – новые эстетические потребности, удовлетворение которых ребенок будет находить в познании окружающего мира, и себя в собственном творчестве. Не следует забывать, что в младшем школьном возрасте все без исключения дети – творцы, они еще не помещены в рамки протестированных способностей, их возможности кажутся им безграничными (Реан А., Бордовская Н., Розум С. и др.) [1]. Задача педагогов – сохранить в детях эту творческую безграничность и смелость, дать возможность проявиться их способностям, и, по возможности, сделать результаты их творческих трудов публичными, пусть даже для малой аудитории – детей и родителей одного класса, школы, учреждения дополнительного образования..

В организации демонстрации результатов творческой деятельности детей, как правило, участвуют взрослые: воспитатели, родители. Именно они берут на себя в этом процессе большую часть работы, а то и всю: дети редко включаются в подготовку проведения самих выставок. Не то чтобы однозначно принято исключать их из процесса организации, просто бытует мнение, что работа эта не по силам младшим школьникам, она утомительна, требует много усилий от организаторов-взрослых, им легче и быстрее справиться самим, нежели привлекать к этому процессу детей. Как-то уже традиционно сложилось, что младшие школьники оказываются выключенными из процесса подготовки экспозиций и выставок, демонстрирующих результаты их творческой деятельности. К этому процессу, как правило, больше привлекаются уже дети среднего и старшего школьного возраста. Однако немногочисленный, но все-таки имеющийся опыт привлечения детей к организации и проведению выставок, к участию в них (З.И. Анищенко, Т.А. Цквитария, Л.П. Бакшинова, Г.А. Марина и др.) показывает, что этот процесс может быть для них не только увлекательным и интересным, но и полезным, развивает у них организаторские способности, коммуникативные навыки, умение работать вместе со своими сверстниками и с взрослыми, дает возможность испытывать гордость от сделанного и мотивирует их дальнейшую творческую деятельность. Недостаточная разработанность в педагогической теории и практике вопросов использования возможностей выставочной деятельности как специфического средства в работе по художественно-эстетическому воспитанию представляется нам очевидной. Каковы условия включения детей младшего школьного возраста в организацию выставочной деятельности, в чем может выражаться ее воспитательный потенциал, в какой мере она может послужить мотивацией к дальнейшему продолжению творческой работы детей, развитию их творческих способностей, умений и навыков – вот в чем заключается, на наш взгляд, недостаточно еще изученный аспект данной проблемы.

Выставочную деятельность можно рассматривать как средство, которое с успехом используется в педагогической деятельности и включает в себя довольно широкий спектр вопросов, поскольку может применяться и для развития различного рода способностей, в том числе и эстетических, и как мощный стимул творчества, и в оценке детского творчества – индивидуального и коллективного, и как форму оценки деятельности педагогов. При всем этом следует заметить, что сама методика использования выставочной деятельности в перечисленных выше аспектах теоретически разработана довольно слабо, больше – на практике и в организационном смысле (организация выставки, поэтапное ее проведение: подготовительный этап, собственно выставка, завершение выставки).

Творческая деятельность должна иметь выход, экспонироваться для зрителя. Виды выставочной деятельности могут быть достаточно разнообразны в зависимости от рамок тех мероприятий, в которые эта деятельность встраивается: фестивали, ярмарки, собственно выставки и т. д.. В настоящее время ярмарки и выставки – это известный и популярный способ демонстрации достижений в различных областях деятельности человека. В образовательном процессе данный способ также популярен и используется чаще всего в экспонировании художественного творчества как детей, так и взрослых. Учреждения школьного и дополнительного образования в практике своей учебно-воспитательной работы активно проводят выставки детского творчества; благотворительные и другие организации также устраивают конкурсы детского рисунка с последующим экспонированием.

Участие в выставках – это демонстрация работы учреждения и конкретно участников выставки, активизация интереса сообщества к коллективному и персональному творчеству, выявление успехов, поддержка одарённых детей и подростков, демонстрация возможностей педагогов, привлечение внимания общественности и родителей к проблемам художественного творчества и детского творчества в частности.

Литература

1. Реан А.А., Бордовская Н.В., Розум С.И. Психология и педагогика. /Учебное пособие.[Текст] /А.А.Реан,Н.В. Бордовская, С.И. Розум. - СПб.: Питер-Юг, 2010. - 432 с.: илл.

Дедов Н.П.
Электросталь, Негосударственное образовательное учреждение высшего профессионального образования "Новый гуманитарный институт" кандидат психологических наук, доцент

ТВОРЧЕСТВО КАК СОЦИАЛЬНО-ПСИХОЛОГИЧЕСКАЯ АДАПТАЦИЯ

Творчество всегда являлось особым социально-психологическим явлением, которое привлекало к себе внимание ученых, философов, писателей, поэтов, художников и всех людей, заинтересованных в понимании его природы и причинах возникновения. Рациональное познание творческой деятельности человека сопровождалось различными трудностями и барьерами, которые предопределялись известным выражением – «поверить алгеброй гармонию», т.е. безнадежной и бесперспективной попыткой научного изучения творчества. Однако исследователей данные ограничения не останавливали, и они выделяли основные критерии творческой личности, изучали ее творческий «путь» и этапы становления.

Человек становится в процессе создания нового, уникального произведения «творцом», который, при этом, оказывается в своеобразной «изоляции» от окружающих его людей. Отношение общества к творческой деятельности определяется значительными опасениями, связанными с «магическим» переживанием неизведанного и необъяснимого феномена. «Рождение нового», озарение, интуиция не поддаются сознательному контролю и рациональному объяснению и, поэтому, они как составляющие творчества относятся к бессознательной стороне жизни человека. В соответствии с этим отмечается непонимание «загадочной» и странной природы, «души» творческих людей, отторжение их от социальных контактов. Социальная депривация, которая возникала в данных условиях, подталкивала творческого человека к наркомании, алкоголизации, суицидальному поведению и другим асоциальным поступкам.

В современных условиях творчество приобретает еще одно важное значение – это социально-психологическая адаптация человека. Включение в межличностные отношения с другими людьми, процесс социализации личности соотносится с реализацией ее естественных потребностей в общении, в познании и совместной деятельности. Благодаря этому личность обретает свою социальную значимость и ценность. Такими же качествами обладает и другой участник отношений. При этом изначально личность представляет собой неустойчивую, «открытую» систему, которая постоянно изменяется, развивается и совершенствуется. Таким образом, сам процесс взаимодействия между людьми также становится вариабельным, «ситуативным». В результате личность вынуждена постоянно создавать, «строить», корректировать возникающие межличностные отношения. Для формирования устойчивого, гармоничного взаимодействия между людьми ведущим показателем становится творческий, креативный компонент. Он предопределяет специфику и направленность общения, т.е. вносит в пространство отношений особый колорит и ценность.

С момента рождения ребенок вынужден приспосабливаться к окружающему миру, становиться социально адаптивным, учиться общаться с другими людьми. Ближайшее окружение: родители, родственники создают пространство, в котором он получает «первый» опыт коммуникации и общения. Они определяют соответствующие правила, законы, ритуалы и традиции успешного взаимодействия. В результате ребенок начинает действовать и поступать «не так как ему хочется, а так как нужно» («не хочу, а надо»). Естественное ограничение коммуникативной «свободы» ребенка связано с его безопасностью и комфортом, т.к. у него еще не сформированы основные навыки совладания и выживания, борьбы с внешними опасностями.

В семье происходит формирование социального поведения, т.е. мать учит ребенка действовать по социальным законам. Но кроме этого задача матери состоит в том, чтобы ребенок изначально научился пониманию бинарной оппозиции окружающего мира. Двойственность, парадоксальность социальных условий одновременно включает в себя позитивные и негативные явления, истину и ложь. Они оказываются взаимосвязанными и не могут существовать друг без друга. Таким образом, мать в процессе воспитания, в игровой форме, обучает ребенка распознавать правдивость и обманчивость окружающего мира, вырабатывая доверие или недоверие к нему. Сформированное в детском возрасте «базисное доверие» позволяет взрослому адекватно взаимодействовать с окружающими людьми (кому-то доверять, а кому-то – нет).

Социально-психологическая проблема, которая возникает в детстве (обман и ложь) оказывается значимой для социальной адаптации детей, когда они учатся «притворяться», т.е. принимать навязанные извне правила и законы. Таким образом, дети обучаются быть социальными, а, значит, они учатся подавлять свои внутренние желания, побуждения и намерения, поступать «как надо, а не как хочу». В то же время для успешных в социальном плане людей насущным оказывается не полное подавление своей личности и индивидуальности, а создание условий для сохранения своего «Я». Здесь также ведущую роль начинает играть творческая деятельность, когда индивид придумывает, создает такие варианты социализации, которые включают, и социальную, и индивидуальные стороны поведения. В результате человек одновременно оказывается социальным, похожим на других людей, но, при этом, он является еще и индивидуальностью, отличающейся от других.

Творчество становится одним из ведущих элементов социальной адаптации, когда действия и поступки человека определяются его умением и способностью находить правильные пути достижения и реализации поставленных целей. В соответствии с этим, проблема творчества предполагает разработку новых программ, новых стратегий поведения, которые будут удовлетворять основным требованиям социума, а, с другой стороны, они предопределяют социальное поведение, соответствующее индивидуальности самого человека. Для определения такого поведения индивид должен не просто осознавать, но и интуитивно чувствовать свои будущие действия и поступки, свои правильные и неправильные решения и достижения целей. Именно поэтому проблема творчества определяет создание «нового», которое базируется на «старом», уже существовавшем. В то же время оно видоизменяет «старое» или же кардинально его трансформирует. Таким образом, ведущей задачей творческого поведения становится умение «видеть ситуацию со стороны», т.е. «быть в ситуации и быть вне ситуации». Благодаря этому личность становится эффективной и социально успешной.

Тихонов Э.Е.
кандидат технических наук, доцент. НЧОУ ВО Невинномысский институт
экономики, управления и права
igwt@mail.ru

НЕЙРОКОМПЬЮТЕРНЫЙ ИНТЕРФЕЙС. ТЕНДЕНЦИИ И ПРОБЛЕМЫ РАЗВИТИЯ

Информационные технологии 2016 года поражают воображение. Среди трендов стоит выделить нейрокомпьютерный интерфейс (НКИ). О внедрении системы в жизнь заговорили только сейчас, но сами разработки ведутся не менее 100 лет. В чем же особенности работы? По какому принципу действует НКИ? Для каких целей создается нейрокомпьютерный интерфейс?

НКИ называют системой связи между человеческим мозгом и компьютером. Задача устройства — обеспечить непосредственное взаимодействие субъектов и дистанционное управление. Ученые доказали, что мыслительная деятельность человека приводит к активизации нейронов, при работе которых выделяются электрические импульсы. В результате формируется электрическое поле, которое легко распознается с помощью специальных устройств - МЭГ и ЭЭГ.

Методику электроэнцефалографии удалось создать в 1929 году Гансу Бергеру. Первоначально устройство применялось для решения следующих задач:

- определения неврологических патологий;
- исследования особенностей работы головного мозга;
- формирования биологической связи, необходимой для решения терапевтических задач.

Весь период создания ЭЭГ и проведения испытаний ученые ставили задачей научиться читать мысли или управлять человеком извне. Последнее применение устройства впоследствии получило название нейрокомпьютерного интерфейса. В 1973 году группа ученых сделала попытку управления устройствами через ЭЭГ, но эксперимент провалился. Но интерес к теме не давал ученым остановиться.

Потребность в таком интерфейсе возникла давно. Особенно это актуально в медицине, где десятки тысяч людей можно было бы поставить на ноги уже после нескольких процедур. Считается, что нейрокомпьютерный интерфейс способен помочь в решение следующих задач — излечения церебрального паралича, устранения последствий инсульта, восстановления после серьезных травм и так далее.

НКИ базируется на считывании и распознавании биоактивности мозга, характерной для мыслительного процесса человека. [1,75] Каждый из нас способен корректировать посылаемые импульсы, выполняя ряд интеллектуальных задач. При улавливании данных сигналов появляется шанс перенести их на курсор мыши или виртуальную клавиатуру. Кроме этого, удачное внедрение системы позволило бы инвалиду с легкостью управлять коляской.

Прорыв произошел в период с 1988 по 1990 года, когда двум ученым Дончину и Фарвелу удалось внедрить в жизнь систему виртуальной клавиатуры. С ее помощью получилось набрать текст, распознать главные компоненты зрительных потенциалов. Со временем миру удалось представить еще ряд разновидностей системы НКИ, нашедшей применение в медицине. Так, удалось реализовать задачу организации процедуры общения с обездвиженными людьми, а также по управлению роботами.

Главный недостаток нового коммуникационного канала — низкая пропускная способность. Но есть уверенность, что такой минус носит временный характер. Прогресс в сфере развития ЭЭГ, точности улавливания посылаемых паттернов, а также совершенствования алгоритмов обработки способствует привлечению интереса.

Так, еще двадцать лет назад в данной сфере работало только шесть небольших групп исследователей. Уже к 1999 году в сборах присутствовали представители двадцати лабораторий. Еще через три года было представлено 40 групп исследователей из разных стран мира — Швейцарии, Финляндии, Китая и ряд других стран. На следующем съезде, проведенном в 2005 году, число исследователей было еще больше.

Особого внимания заслуживает и вопрос финансирования новых разработок. Так, с 1999 по 2001 год ЕС выделил немалые средства на внедрение BTI. Уже через год (в 2002 году) поступило финансирование в размере 3.3 миллионов долларов для дальнейшей разработки нейрокомпьютерных систем. Кроме этого, крупнейшим агентством DARPA было выделено еще 26 миллионов долларов на развитие НКИ.

С 2001 года был дан старт соревнованиям в сфере нейрокомпьютерных интерфейсов. Процедура заключалась в размещениинесколькими группами наборов ЭЭГ информации. Одна часть информации применялась для обучения, а другая — для проверки алгоритма. Условия соревнований периодически меняются, но их несложно уточнить на специальных ресурсах.

Говоря простыми словами, НКИ — механизм с возможностью управления персональным компьютером и другой техникой. Исследования в данной сфере стартовали в 70-х годах прошлого века, а уже в 90-х годах удалось создать системы для восстановления ключевых функций человеческого организма — слуха и зрения.

В 2016 году появилась надежда, что оптимизация нейрокомпьютерного комплекса наконец-то даст толчок для внедрения технологии в разные сферы жизни:

1. Медицина. Применение НКИ в медицине открывает перспективы для создания высококачественных протезов, отличающихся высоким уровнем отзывчивости. Точное взаимодействие протеза с мозгом позволяет с точностью управлять конечностью. На сегодня вопросами протезирования занимаются спецы в области неврологии. Их задача - восстановление нервной системы, а также нормализация работы сенсорных органов человека.

Наибольшей популярностью пользуется кохлеарный имплантат, применяемый для компенсации потери слуха пациентами, имеющими тяжелые или выраженные проблемы со слухом.

2. Робототехника. Как показывают опыты, применение нейрокомпьютерного интерфейса возможно не только в медицине. Допускается применение системы для управления гуманоидными устройствами. Так, в начале 21 века у группы ученых под руководством Мигеля Николесиста получилось заставить двигаться лапы обезьяны. Особенностью системы была способность работать в режиме реального времени с возможностью применения интернет-соединения.

В 2016 году ученые уже делают попытки усовершенствовать открытие и перевести его в другое русло — управление высокоточными роботами. Возможности последних планируется применять там, где человек бессилен. Использование возможностей НКИ, как и в ситуации с протезированием, позволяет гарантировать наивысшую точность и отзывчивость. Это, в свою очередь, делает работу оператора эффективной.

3. Развитие новых областей. Ученые уверены, что развитие нейрокомпьютерного интерфейса и совершенствование его работы способно подтолкнуть к развитию многих областей, имеющих тесную связь с разработкой проектов и моделированием. Это значит, что процесс создания сложных проектов и моделей возрастет в несколько раз. В данном направлении уникальные результаты показали исследователи NeuroG, которые создают требуемые алгоритмы и занимаются вопросами распознавания зрительных образов. [2,390] Пять лет назад (в 2011 году) работа прибора была впервые продемонстрирована широкой публике. Сегодня новое устройство способно распознавать четыре картинки, но работа еще ведется.

4. Передача опыта и знаний — направление, о котором сложно говорить, как о конкретной сфере применения НКИ. С другой стороны, именно нейрокомпьютерный интерфейс позволяет совершенствовать базы знаний, упрощать обучение и передачу опыта. Возможность применения НКИ в обучении не голословна и подтверждена двумя учеными - Лебедевым и Николелисом. При взаимодействии со специалистами нейробиологической лаборатории США им удалось разработать первыйинтерфейс, способный передавать сигналы к головному мозгу через глобальную сеть.

В ходе проведенного эксперимента главную роль играла крыса, которая решала ряд простейших сенсомоторных задач. Грызуну предоставлялось на выбор два варианта - применение визуальных или тактильных стимулов. В ходе проведения эксперимента составляющие активности головного мозга поступали к соответствующим областям мозга другой крысы. При этом грызун-декодер находился в другой стране.

Конструктивно нейрокомпьютерный интерфейс состоит из следующих элементов:

1. Электродов. Их задача - сбор и отведение исходящих от головного мозга потенциалов. Наименьшее число применяемых электродов - два. Для проведения записи, как правило, применяются каналы на 21, 64 или 128 бит. Если применяется большее число электродов, то надевается специальный шлем. С помощью такого устройства удается повысить точность позиционирования электродов, и увеличить скорость установки. Кроме этого, с помощью шлема удобнее воспроизводить снятые ранее импульсы и сравнивать их.

2. Усилитель биопотенциалов, который подключается к ПК или непосредственно к устройству, к примеру, через порт USB.Возможен вариант подключения через A/D карту.

3. Компьютер регистрирует и обрабатывает сигналы. С помощью ПК удается не только увидеть, но и распознать стимулы.

4. Программное обеспечение, предназначенное для обработки и регистрации ЭЭГ. Данная составляющая берет на себя задачу распознавания паттернов и выдачу результатов.

Ученые уверены, что в 2017 году нейрокомпьютерный интерфейс может обеспечить прорыв в сфере современных технологий.

Литература

1. Тихонов Э.Е. Методы и алгоритмы прогнозирования экономических показателей на базе нейронных сетей и модулярной арифметики // Диссертация на соискание ученой степени кандидата технических наук / Ставрополь, 2003 г.
2. Тихонов Э.Е. Анализ и перспективы применения нейросетевых технологий на финансовых рынка // В сборнике: Параллельная компьютерная алгебра и её приложения в новых инфокоммуникационных системах. Материалы I международной научной конференции. Федеральное государственное автономное образовательное учреждение высшего профессионального образования «Северо-Кавказский федеральный университет»; Институт математики и естественных наук. 2014. С. 389-392.

Kochetkova O.V.
Volgograd State Agrarian University, Professor
Dyakonov A.V.
Volgograd State Agrarian University, Student
Kochetkov A.B.
Volgograd State Agrarian University, Associate Professor

ONTOLOGY "ELABORATION OF IT STRATEGIES"

Nowadays it is now becoming more and more urgent the need for consolidation, formalization and reuse of accumulated knowledge of specialists in various areas. Especially it concerns the field of strategic management activities of organizations using information systems (IS). Currently, however, only half of Russian companies has its own IT strategy.

Information about the elaboration of the IT strategy of the organization today is a fragmentary (and often contradictory) in different articles, books, or individual notes, and for the most part - just in human memory advisors. This creates obstacles to the t of the elaboration IT strategy of experts of organizations and companies who exploit the IP. Analysis of the processes of elaboration of the IT strategy has shown that strategic planning:

- is a complex organizational and methodological point of view the process;

-it is both a scientific problem, and management task, and the direction of empirical research.

IT strategy is a detailed comprehensive and integrated plan, which is based on extensive research and evidence and their deep analysis. Therefore, the task of creating a method and tools to help specialists have developed a strategy is relevant. The purpose - is to increase the effectiveness of the strategic planning activities at the expense of intellectualization of its developer, based on the ontological approach.

The analysis of knowledge representation methods [1] showed that semantic networks, frame model, production models, formal knowledge representation models have disadvantages such as:

- the inability to use the accumulated knowledge specialist for a wide class of problems;

- lack of adequate representation of the semantics of the problem domain;

- the absence of the possibility of forming a more abstract representation for the existing knowledge, which significantly reduces the explanatory capabilities of the system.

Such deficiencies deprived of the ontological approach, which has been used by us for the representation of knowledge in the elaboration of IT strategy.

At present, the elaboration of ontologies exist about the thirty-various software tools. To make informed choices ontology editor has been made multicriteria analysis of the five most common method editors 'ideal point'. Experts estimated ontology editors on a scale according to the following criteria: functionality, reliability and stability, cost, ease of use, scalability, availability of technical support, development support and community.

The highest rating in the analysis received ontology editor Protégé [2]. It is available for free download from the official site, along with plug-ins, has an open, easily extensible architecture by supporting the expansion of functionality of modules, supported by a significant community composed of developers and scientists. In addition, Protégé provides many opportunities for adaptation to the specific task and a specific user.

The process of designing an ontology is presented in a use case diagram (Figure 1).

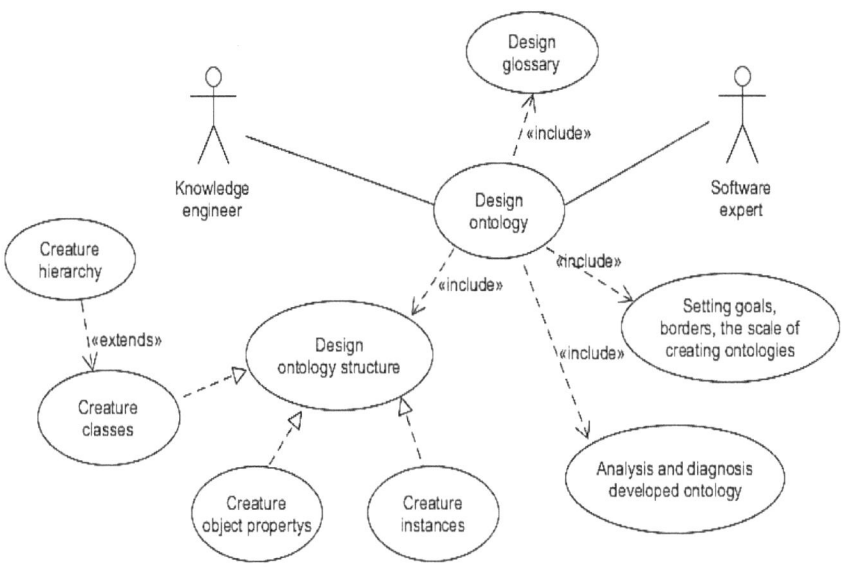

Figure 1 - Use case diagram "Ontology Development"

As a result, development has created an ontology that includes 3 classes: "Stages of development of IT strategy", "Methodology", "Documents", 70 subclasses, 168 exemplars.

Ontology prototype was tested for the ability to perform tasks by creating various queries. Figure 2 shows an example of a response to the query "What documents should be established at the stage of analysis of the current state of IT?" Ontology has demonstrated the ability to respond to all the questions that were put developers before its creation.

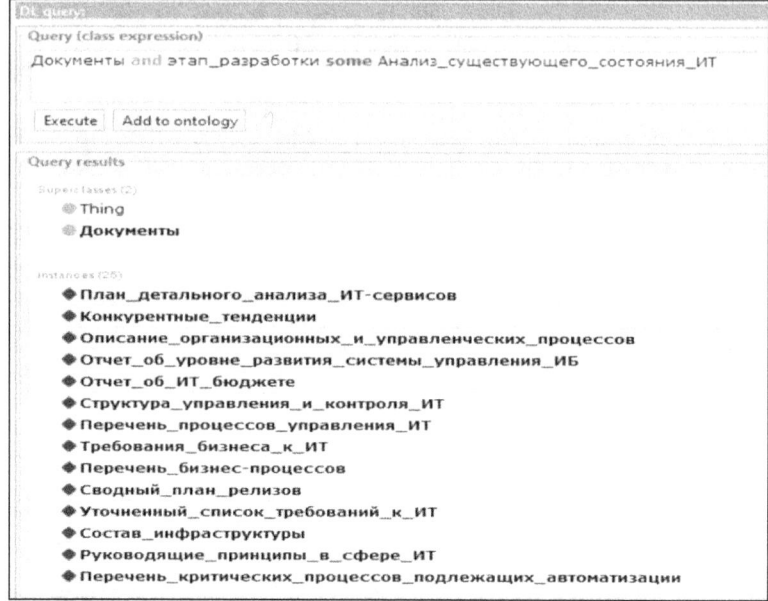

Figure 2 – The answer to the request of the ontology "What documents should be established at the stage of analysis of the current state of IT?"

Estimates of the feasibility of the elaboration of IT ontology development carried hierarchy analysis method [3]. To define, compare and select the priorities were mapped ways to develop an IT strategy with and without the use of ontologies.

The effectiveness of methods determined by several factors: functionality; time elaboration costs; used resources; possibility of expansion. According to the results of the estimates it implies that ontological approach the combined properties is three times more effective than the traditional approach.

Bibliography

1. Кочеткова О.В. Выбор формального представления знаний в онтологии трикотажа основовязаных переплетений/Кочеткова О.В., Эпов А.А., Казначеева А.А. Современные проблемы науки и образования,№6.-ИД»Академия естествознания», Москва2010.- С.59-62

2. Protégé. URL: http://protege.stanford.edu/

3. Саати, Т. Принятие решений. Метод анализа иерархий / Т. Саати – М.: Радио и связь, 1993. – 320 с.

Дорошенко И.В.
магистрант, Московский Государственный университет
дизайна и технологии
Костылева В.В.
д.т.н., проф., Московский Государственный университет
дизайна и технологии

РАЗРАБОТКА ПАРАМЕТРОВ ОБОБЩЕННОЙ ПЛАНТОГРАММЫ УСЛОВНОЙ СРЕДНЕЙ СТОПЫ ВЗРОСЛОГО НАСЕЛЕНИЯ ИНДИИ

Разработка параметров обобщенной плантограммы условной средней стопы взрослого населения Индии проводилась на основе комплексных плантограмм правых и левых стоп мужчин и женщин в количестве 1058 человек в возрасте от 18 до 60 лет. Информация о наличии или отсутствии таких деформаций, как продольное и поперечное плоскостопие, отклонении первого пальца, отклонениях в положении пятки и нижней конечности нами получена на основе графической интерпретации плантограмм стоп [2, 20; 3, 40-42,] (рис.1).

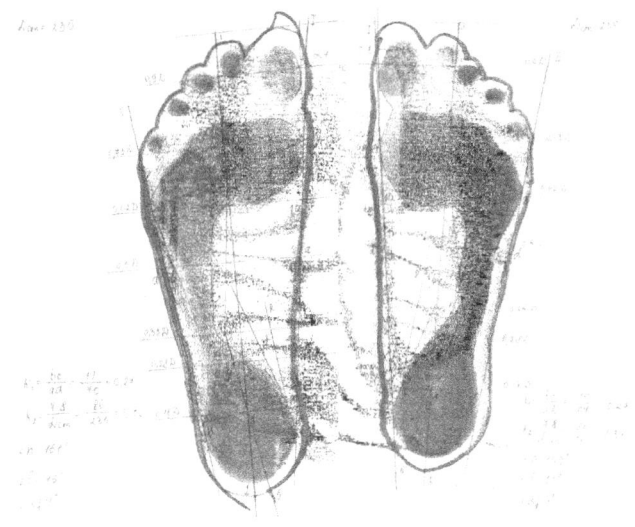

Рис.1. Пример обработанной плантограммы

Исходя из результатов обработки, выявлена необходимость в использовании специальных корригирующих приспособлений с целью профилактики или предотвращения установленных деформаций стоп. Основой для проектирования корригирующих приспособлений служит обобщенная плантограмма условной средней стопы, форма и размеры которой устанавливаются при графической обработке в соответствии с методикой В.А. Фукина (рис.2) [1, 74-76]. В работе предпринята попытка усовершенствовать данную методику получения обобщенной плантограммы условной средней стопы, используя возможности современного компьютерного проектирования. Сущность совершенствования сводится к снижению числа опорных точек, обеспечивающих достаточную точность воспроизведения контуров габарита и отпечатка. Это должно повлечь за собой сокращение временных и трудовых затрат на этапе построения обобщенных контуров комплексных плантограмм.

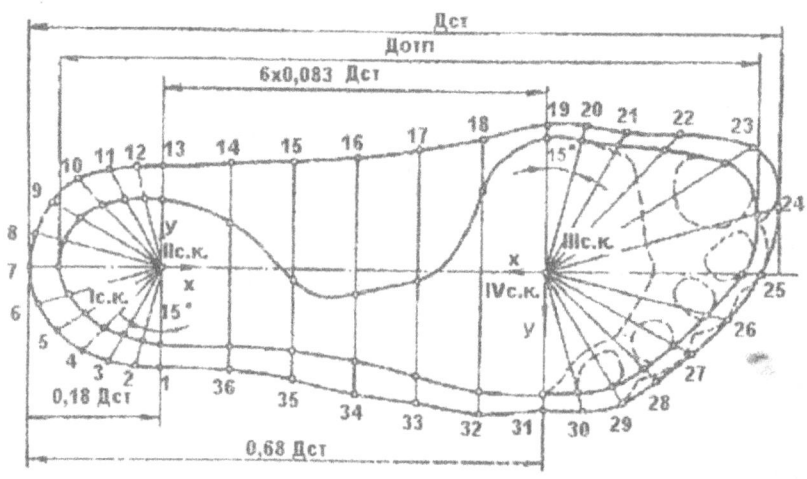

Рис.2. Схема получения обобщенной плантограммы условной средней стопы по методике В.А. Фукина

Контуры исходных комплексных плантограмм стоп были представлены в четырех системах координат, как это предусмотрено методикой В.А. Фукина. Затем, из 36 точек габарита и 36 точек отпечатка нами были выделены, соответственно, точки: 19, 31 – на линии пучков; 1, 13 – в сечении 0,18 $Д_{ст}$; 4, 7, 10 – на линии пятки; 24, 25, 26, 27, 28 – головки пяти плюсневых костей; 34, 16 – в сечении 0,5 $Д_{ст}$; 22 – переход от плюсны к фалангам пальцев (см. рис. 2). На рис.3 приведен фрагмент таблицы с координатами некоторых названных точек, расположенных на линиях габарита и отпечатка стопы. Как показали результаты предварительного эксперимента, выбранная схема нанесения точек обеспечивает достаточную точность воспроизведения как контуров габарита, так и отпечатка.

№ точки	Координаты точек			
	габарита		отпечатка	
	$x_г$	$y_г$	$x_о$	$y_о$
1	-40	0	-35	0
2	-29	-28	-25	-24
...	...	...	...	...
14	-58	116	-51	116
15	-52	85	-42	85
16	-40	0	-35	0

Рис.3.Фрагмент таблицы с координатами точек, расположенных на линиях габарита и отпечатка стопы

Такая база параметров условной средней стопы каждой возрастной группы обеспечит эффективную автоматизированную разработку различных конструкций вкладных корригирующих приспособлений, что и является задачей последующих исследований.

СПИСОК ЛИТЕРАТУРЫ

1. Учебное пособие "Методы и средства получения антропометрической информации". И.А.Барановская, О.В.Синева-М.: ИИЦ МГУДТ, 2005, 88 стр.
2. Ключникова В.М. и др. Практикум по конструированию изделий из кожи: Учебн. пособие для студентов вузов, обуч. по спец. «Конструиров. изд. из кожи», «Техн. изд. из кожи»/Ключникова В.М., Кочеткова Т.С., Калита А.Н. – М.: Легпромбытиздат, 1985. – 336с., ил.
3. Разработка конструкций ортопедической обуви для людей, подвергшихся радиоактивному излучению: Диссертация канд. техн. наук: Технология обувных и кожевенно-галантерейных изделий. / О.В.Соломатина – М.:МГУДТ, 2008. – 141 с.+70 с. (прил.).
4. Шахвар Д., Дорошенко И.В., Костылева В.В. Антропометрические исследования стоп взрослого населения Индии/Альманах мировой науки: Наука и образование третьего тысячелетия: по материалам Международной научно-практической конференции 30.11.2015 г., часть 1, с.104-109.

Слесаренко И.Б., к.т.н., Дальневосточный федеральный университет, Владивосток, Россия, e-mail: islesarenkob@rambler.ru
Виговская О. В., студентка, Дальневосточный федеральный университет
Косьяненко Я. В., студентка, Дальневосточный федеральный университет

ИССЛЕДОВАНИЕ ПОКАЗАТЕЛЕЙ КАЧЕСТВА СОЛНЕЧНЫХ ФОТОЭЛЕМЕНТОВ

Аннотация. Определены характеристики показателей качества фотоэлектрических солнечных элементов, проведен анализ современных методов контроля качества солнечных модулей, основанный на нормативных требованиях российских и международных стандартов. Рассмотрены современные научные направления исследований, обеспечивающие повышение мощности вырабатываемой энергии, простоту конструкций и технологий производства, обеспечивающие высокую надежность.

Ключевые слова: фотоэлектрический солнечный элемент, монокристаллические, поликристаллические, аморфные элементы, методы тестирования, коэффициент полезного действия,надежность, безопасность.

Целью работы является исследование показателей качества и основных направлений совершенствования фотоэлементов. Необходимо провести классификацию фотоэлектрических солнечных элементов, провести анализ этапов формирования показателей качества.

Стандарт распространяется на электроустановки с использованием систем питания от фотоэлектрических солнечных батарей, включая системы с модулями переменного тока [1, 5]. Нормативом определено, что требования к автономным системам питания с использованием фотоэлектрических солнечных батарей, находятся на рассмотрении, а требования к такому важному показателю, как коэффициент полезного действия (КПД) не нормируется, это говорит о постоянном совершенствовании солнечных элементов и установок в целом.

Качественные характеристики фотоэлектрических солнечных элементов формируются на стадии изобретения, проекта и производства. Напряжение всех кремниевых элементов, независимо от их типа, генерирует напряжение 0,5 В. Выходной ток элемента зависит от интенсивности света, длины световой волны, и поглощающей площади элемента. Основой солнечных установок являются монокристаллические, поликристаллические, аморфные элементы. Пленочные изготавливают на основе полимеров. Кремниевые батареи производят из моно- и поликристаллов Si и аморфного кремния.

Монокристаллические солнечные батареи имеют высокий показатель коэффициента полезного действия КПД (порядка 17-22%). Для получения поликристаллов кремниевый расплав подвергается медленному охлаждению. Такая технология требует меньших энергозатрат, следовательно, и себестоимость кремния, полученного с ее помощью, меньше. Недостаток поликристаллических солнечных батарей в том, что они имеют более низкий КПД (12-18%), чем монокристаллические. Причина заключается в том, что внутри поликристалла образуются области с зернистыми границами, которые и приводят к уменьшению эффективности элементов. Батареи на основе CdTe (кадмий-теллур), являются перспективными в солнечной энергетике пленочными батареями. Кадмий является кумулятивным ядом, однако исследования показывают, что уровень кадмия, высвобождаемого в атмосферу, ничтожно мал. Значение КПД составляет порядка 11%, но стоимость ватта мощности таких батарей на 20-30% меньше, чем у кремниевых. Пленочные батареи на основе селенида меди-индия имеют КПД равный 15-20%.

Надежность нормируется в соответствии с международным стандартом IEC 60529 (Ingress Protection Rating – степень защиты от проникновения), и соответствующих ему стандартов МЭК 70-1, ГОСТ 14254-96, DIN 40050. Одним из важнейших компонентов в модуле, определяющем срок его эксплуатации, является ламинирующая пленка. Низкокачественная пленка EVA обычно имеет срок годности 5-10 лет, после этого срока пленка начинает деформироваться.

Международная Электротехническая Комиссия International Electrotechnical Commission (IEC) опубликовала стандарт IEC 61853 "Photovoltaic Module. Power Rating", который регламентирует тестирование в различных климатических и географических условиях, и включает тесты HTC, LIC, Nominal Operating Cell Temperature (NOC), STC [2,13; 3,81]. Также действует PV-USA Test Condition (PTC), который не является частью стандарта IEC. Для оценки влияния реальных условий работы на выработку модуля были приняты дополнительные параметры.

Условия низких температур в процессе эксплуатации учитываются при тестировании Low Temperature Conditions (LTC). Эти условия подразумевают температуру модуля 15°C, освещенность 500 Вт/ $м^2$, скорость ветра 0 м/с, и спектр при AM 1.5. Для низкой освещенности используют условия Low Irradiance Conditions (LIC),

Для условий высоких температур применяют требования High Temperature Conditions (HTC), модули в соответствии с этим нормативом тестируются при высоких температурах модуля в 75°C, освещенности 1000Вт/$м^2$, и спектре AM 1.5.

Организацией контроля качества фотовольтных установок, в том числе и в России, начали заниматься структуры, называемые инспекциями качества (например, SGS). Они гарантируют надежную проверку качества документации, визуальную проверку системы безопасности и маркировки для фотовольтных станций во всем мире.

Выходные характеристики ФЭ зависят от количества падающего на них света, и затенение элементов может снизить выходную мощность на

60%. Кроме того, ФЭ не все выдают одинаковую мощность, при одинаковых условиях освещенности, даже если они из одной партии.

Решение о целесообразности использования солнечной энергии в круглогодичном варианте можно принимать только при наличии достоверной информации по ресурсам. После обработки данных наблюдений ряда метеостанций, установлено, что для метеостанций, расположенных между 35° и 70° с. ш., с удовлетворительной степенью точности выполняется следующее соотношение, связывающее средние суточные суммы суммарной радиации на горизонтальную поверхность и суточную продолжительность солнечного сияния:

$$Q_{CP}^{cyт} = 0,0419 \cdot (m' \cdot S + n') \qquad (1)$$

где : $Q_{CP}^{cyт}$ - средние суточные суммы суммарной радиации на горизонтальную поверхность, МДж /м^2; S – средняя суточная продолжительность солнечного сияния в часах, m' , n' – эмпирические коэффициенты, осредненные по широтам. Для диапазона северных широт значения коэффициентов приведены в таблице 1.

Таблица 1 - Среднемесячные значения коэффициентов m' и n' для различных широт.

широта, град	месяц											
	I	II	III	IV	V	VI	VII	VIII	IX	X	XI	XII
значения коэффициента m'												
40	22,5	27,0	33,5	38,0	37,5	39,5	39,0	36,0	33,4	26,3	23,2	19,4
45	17,5	22,0	30,6	36,5	35,5	36,8	35,0	32,2	30,6	22,7	18,2	14,6
50	13,0	17,0	26,5	33,0	33,3	34,3	31,7	28,1	26,8	20,3	15,2	11,4
55	9,6	14,2	21,9	30,0	31,2	31,8	29,9	26,6	23,8	18,1	12,0	7,6
60	7,0	11,5	17,3	25,2	29,0	29,3	28,6	26,0	21,0	15,7	9,2	4,1
значения коэффициента n'												
40	100	130	160	200	220	230	220	200	170	150	110	90
45	70	100	130	160	180	190	180	170	140	110	80	65
50	50	80	110	150	160	170	160	150	130	100	55	40
55	30	60	100	140	145	160	145	130	120	80	35	25
60	15	42	95	125	135	150	130	110	90	50	20	12

Для вычисления месячных сумм суммарной радиации на горизонтальную поверхность Q_{CP} (МДж /м^2) необходимо учитывать рассеянную радиацию [4,133]. При этом выражение (1) принимает вид:

$$Q_{CP} = \frac{0{,}0419}{m \cdot S} + n \cdot (n_n - l) + l \cdot D_{CP}^{cyт} \qquad (2)$$

где: n_n – число дней в месяце, l – число дней без солнца, $D_{cp}^{cyт}$ – средние за сутки суммы рассеянной радиации, МДж/м^2.

Однако, данные по рассеянной радиации регистрируются только на актинометрических станциях, что ограничивает применение этого выражения.

Уравнение Ангстрема, полученное статистическим методом регрессии, связывает суммарную радиацию Q_{CP} (МДж /м^2) с месячными суммами суммарной радиации на горизонтальную поверхность в ясный день $Q_я$ и относительной продолжительности солнечного сияния $\frac{N}{N_B}$;

$$Q_{CP} = Q_я \cdot (\alpha + b \cdot \frac{N}{N_B}) \qquad (3)$$

где: N - наблюдавшаяся за месяц продолжительность солнечного сияния; N_B- возможная продолжительность солнечного сияния; α, b - постоянные, определяемые путем статистической обработки радиационных данных.

Анализ выше приведенных формул и сравнение расчетных данных с данными актинометрических наблюдений показал, что степень точности определения суммарной радиации Q_{CP} прямым образом зависит от точности учета характера облачности для расчетного местоположения. Оборудование для фотовольтных электростанций (ФВЭ) и солнечные панели используются для обеспечения автономного или аварийного электроснабжения потребителей, имеющих небольшую присоединенную нагрузку. [5,155]. В большинстве случаев проекты установок носят индивидуальный характер.

Сокращение затрат и повышение КПД на производство ФЭ является актуальной научной задачей. Конгрессы по солнечной энергетике объединяют усилия ученых всего мира. Российскими учеными определено, что при налаживании масштабного автоматизированного производства и при применении более эффективных ФЭП с КПД 38−39% ожидается реализация значений КПД солнечных концентраторных модулей не менее 30% [6, 125].

Заключение.

Формирование показателей качества фотовольтных установок находится в стадии дальнейших научных исследований, современные направления развития фотоэлементов:

- совершенствование способов увеличения эффективности поглощения солнечной энергии с упрощением конструкции ФЭ;

- увеличение диапазона преобразуемых длин волн с 4000-1200 нм до 3500-1800 нм;
    - определение методов уменьшения оптических потерь;
    - сокращение затрат на производство ФЭ.

Обеспечение качественных фотоэлектрических солнечных элементов в составе солнечных установок обеспечивается производителями, и может контролироваться инспекциями качества (SGS), которые руководствуются в своей работе стандартами IEC 60529, МЭК 70-1, ГОСТ 14254-96, DIN 40050, IEC 61853.

Литература

1. ГОСТ Р 50571.7.712-2013 / МЭК 60364-7-712:2002 Электроустановки низковольтные. Часть 7-712. Требования к специальным электроустановкам или местам их расположения. Системы питания с использованием фотоэлектрических (ФЭ) солнечных батарей. -М.: Стандартинформ.- 2014. С.5-35
2. ГОСТ МЭК 61853-1-2013 Модули фотоэлектрические. Определение рабочих характеристик и энергетическая оценка. Часть 1. Измерение рабочих характеристик в зависимости от температуры и энергетической освещенности. Номинальная мощность. -М.: Стандартинформ.- 2014. С. 13-15.
3. ГОСТ Р МЭК 60904-3-2013 ГСИ. Приборы фотоэлектрические. Часть 3. Принципы измерения характеристик фотоэлектрических приборов с учетом стандартной спектральной плотности энергетической освещенности наземного солнечного излучения. -М.: Стандартинформ. - 2013. С.82– 83.
4. Николаев А.А. Косвенные методы расчета характеристик солнечной радиации. Биология. Науки о земле, Вып. 1, Вестник Удмуртского университета.- 2013. С.133- 135.
5. Слесаренко И.Б. О применении установок возобновляемой энергетики // Вологдинские чтения, Владивосток.- 2012. – С.155-158.
6. Андреев В.М., Давидюк Н.Ю., Ионова Е.А., Покровский П.В., Румянцев В.Д., Садчиков Н.А. Оптимизация параметров солнечных модулей на основе линзовых концентраторов излучения и каскадных фотоэлектрических преобразователей // Журнал технической физики, том 80, вып. 2. – 2010. С. 120-125.

Kochetkova O.V.
Volgograd State Agrarian University, Professor
Ilchenko I.V.
Volgograd State Agrarian University, Student
Kochetkov A.B.
Volgograd State Agrarian University, Associate Professor

MODEL OF A SYSTEM OF TRACEABILITY OF MEAT PROCESSING COMPANIES

In the world practice to create a food production model that allows you to detect and prevent deviations from standards at every stage of the production process and thereby minimize the risk of loss of quality, there are rules of the HACCP (Hazard Analytics Control Critical Points) - control at critical points. One result of the implementation of HACCP is the ability to implement traceability. Traceability is a set of solutions that allows to locate the origin of products, raw materials and components at all stages of production, processing and distribution.

The international standards of quality management of traceability is a key requirement and applies to the origin of materials and component parts, as well as to the treatment stories, distribution and location of the product after delivery.

The system of traceability is a system that allows you to trace the journey of life and identify the unit or batch of products at all stages of raw material acquisition, processing and traffic to the user. An effective tracking system should allow to trace products up or down the supply chain, that is, to determine the origin of the object. Traceability is impossible without identification, which uniquely allows you to determine exactly what this unit corresponds to a specific accompanying document.

The complexity of the development of a traceability procedure is not only the assignment of identification features of products, but also the organization of the synchronous movement of the two streams - the material (raw materials, semi-finished products) and information (identification plates, route maps, etc..) throughout the production cycle. It is necessary to ensure the completion of all identifying features and information about the product (anti-fouling all the new information about the history of its production) through the entire production cycle.

The information flow must be continuous over the entire processing chain, objectively reflect the changes in the product manufacturing process, retain features of object identification. In addition, material and information flows must be unambiguous communication to ensure the integrity and continuity of synchronicity of material and information flows.

The purpose of research is to develop a model of a traceability system for plant cutting meat processing plant.

Development of a traceability system should be the result of the integration and balance the various requirements, feasibility and economic viability.

Each plant identification and traceability procedure is strictly individual. Every nuance not only during production, but the process to manage to make identification and traceability procedures specific requirements.

For the development of a traceability system is first necessary to identify the factors that are the most problematic in terms of ensuring final product quality and to determine identification characteristics of critical parameters for raw materials for production, for equipment for the staff. To this end, we used the critical control points, designed in accordance with the requirements HASSP and control systems in them.

Then we analyzed business processes, cutting workshop production cycle is then analyzed and the business processes involved in addition to technology, manufacturing and control operations [1].

Various embodiments of the identification and traceability are possible. The first option is through the passage of a single document the whole production cycle. The use of its number as an identifier for the document. At the final stage at the design of the accompanying document for the customer indicated the same unique number, either the quality of the passport is the same number.

The second option is consistent passage of several documents throughout the production cycle. In this case, at various stages of production using various supporting documents, but they are numbered by the same number.

The third option are various supporting documents used at different stages of production with different identification numbers. But these documents contain information on the identity attributes of documents on the preceding stage of production. This option is used by us to develop a traceability system model in the shop cutting raw meat (Figure 1).

As a result of the work developed algorithms traceability of raw materials and semi-finished products, the scheme document and information support to facilitate the transparency of processing of meat raw materials and control the quality of products in the shop cutting a meat processing plant.

The results will be used to create an automated traceability system, which only allows the product identifier to obtain comprehensive information about the detailed history of the production of the product or its components.

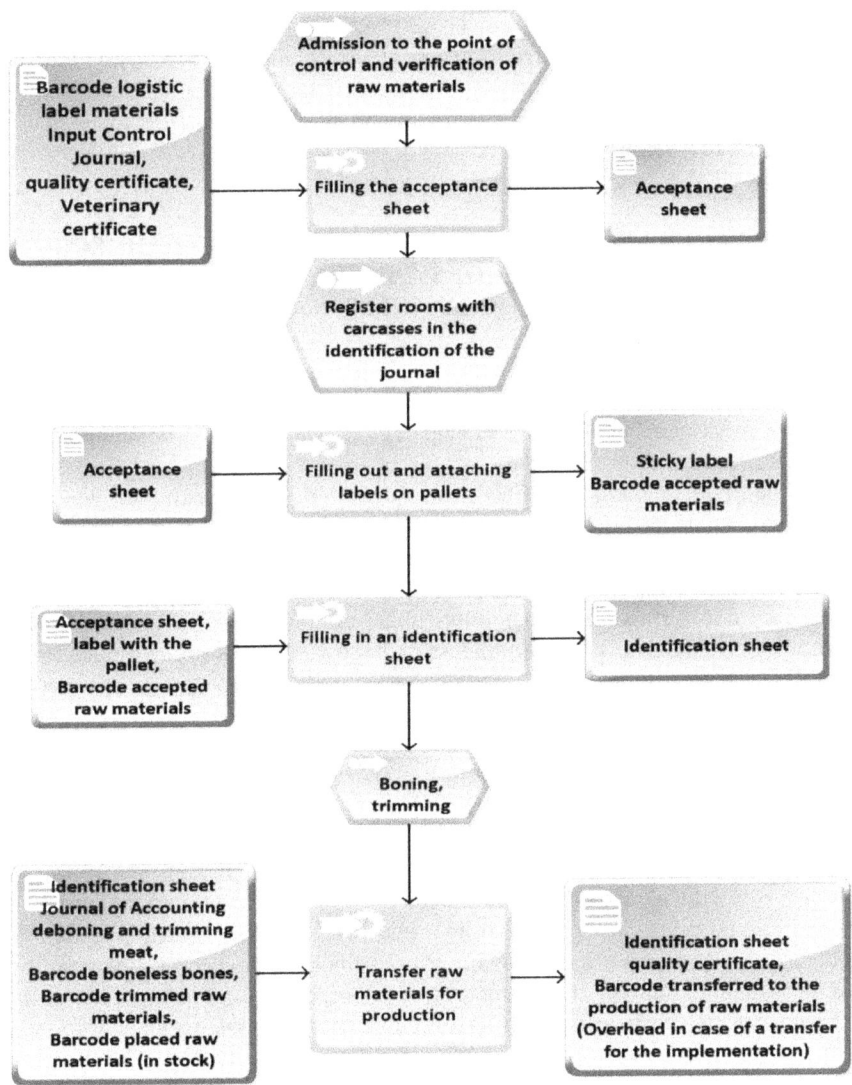

Figure 1 - Diagram of traceability of raw meat cutting plant

Bibliography

1. Кочеткова О.В., Ильченко И.В. Анализ бизнес-процессов цеха разделки мясоперерабатывающего предприятия// Электронный научно-практический журнал «МОЛОДЕЖНЫЙ НАУЧНЫЙ ВЕСТНИК». Март 2016. URL: http://mnv.vectorscience.ru/wp-content/uploads/2016/03/mnv/Ilchenko.pdf

* Берестин Д.К., ** Черников Н.А., **Алиев А.А., **Иржанова Д.Т.
* – кандидат физико-математических наук, старший научный сотрудник, лаборатория «Функциональных систем организма человека на Севере»
** – аспирант, кафедры «Биофизики и нейрокибернетики» Института естественных и технических наук
БУ ВО «Сургутский государственный университет»

ПОСТРОЕНИЕ МАТЕМАТИЧЕСКИХ МОДЕЛЕЙ ХАОТИЧЕСКОЙ ДИНАМИКИ ТРЕМОРА С ИСПОЛЬЗОВАНИЕМ КОМПАРТМЕНТНО-КЛАСТЕРНОГО ПОДХОДА

Математическое моделирование является одним из основных направлений в науке и технике. С развитием вычислительной технике и программного обеспечения появилась возможность моделирования сложных систем [2-4].

Наиболее сложными объектами моделирования организма человека является исследование, оценка и параметров электроэнцефалограмм, электрокардиограмм, треморограмм, то есть измерения вектора состояния организма человека (ВСОЧ) на некотором промежутке времени Δt. Однако моделей, адекватно описывающих подобные процессы, крайне мало. Одной из причин, по которой крайне сложно создавать модели поведения ВСОЧ является невоспроизводимость результатов экспериментов (невозможно получить идентичную динамику вектора состояния человека даже при одинаковых условиях эксперимента) [6-9]. Каждый раз регистрируемые показатели (сигналы) уникальны и более того уникальностью обладает каждый участок регистрируемого сигнала.

В общем случае возникает общая проблема идентификации произвольных движений человека. Иными словами биофизика сложных систем подошла к решению глобальных задач произвольности и непроизвольности в реализации любых двигательных функций. Обсуждается возможность моделирования таких процессов качественно и количественно [1-3]. На конкретных моделях продемонстрирована эффективность компартментно-кластерного моделирования биосистем [7-10].

В рамках компартментно-кластерного подхода возникает возможность построения адекватных математических моделей, которые могут представлять сразу несколько типов якобы стационарных режимов биомеханических систем. В рамках новой теории хаоса – самоорганизации, когда постоянно $dx/dt \neq 0$, но при этом движение вектора состояния системы может происходить в пределах ограниченных, объемов фазового пространства состояний – V_G [4-7].

Система уравнений, описывающая данную компартментно-кластерную модель, имеет вид:

$$\dot{x}_1 = A_{11}(y_1)x_1 - bx_1 + U_1d_1, \tag{1}$$
$$\dot{x}_2 = A_{21}x_1 + A_{22}(y_2)x_2 - bx_2 + U_2d_2,$$
$$y_1 = c_{11}^T x_1,$$
$$y_2 = c_{21}^T x_1 + c_{22}^T x_2.$$

Математическая модель была реализована в виде пакета прикладных программ, которая реализует имитационное моделирование поведения компонент x_i вектора состояния биосистемы $x=x(t)=(x_1, x_2,...x_m)^T$ при различных начальных состояниях и различных уровнях управляющего воздействия.

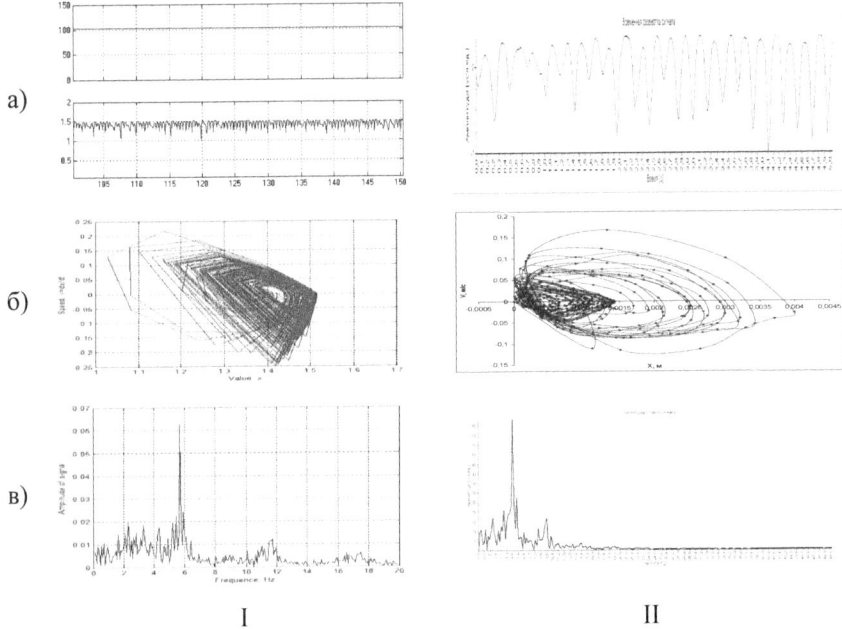

I   II

Рис.2. Пример моделируемого и реального сигнала (квазипериодический сигнал) и их обработка: а) исходный (регистрируемый) сигнал; б) фазовая плоскость сигнала в координатах x и dx/dt; в) амплитудно-частотная характеристика сигнала. Здесь, I) - моделируемого сигнала; II) - реальный сигнал произвольных движений человека (регистрация теппинга на тремографе).

Результаты имитационного моделирования позволяют говорить о высокой согласованности полученных результатов с реальными сигналами, зарегистрированными у испытуемых в разных условиях. Для различных показателей ФСО человека значения коэффициентов в модели и ud подбираются индивидуально.

В рамках компартментно-кластерного моделирования возникает возможность описывать нормальное состояние сложных биосистем в режиме хаотической динамики, а патологические состояния – в режиме периодической динамики или вообще в виде стационарных режимов, когда (в итоге смерть организма).

Список литературы

1. Берестин Д.К., Черников Н.А., Григоренко В.В., Горбунов Д.В. Математическое моделирование возрастных изменений сердечно-сосудистой системы аборигенов и пришлого населения севера РФ // Сложность. Разум. Постнеклассика. – 2015. – № 3. – С. 77-84.

2. Гавриленко Т.В., Майстренко Е.В., Горбунов Д.В., Черников Н.А., Берестин Д.К. Влияние статистической нагрузки мышц на параметры энтропии электромиограмм // Вестник новых медицинских технологий. – 2015. – Т. 22. № 4. – С. 7-12.

3. Даянова Д.Д., Берестин Д.К., Вохмина Ю.В., Игуменов Д.С. Моделирование показателей функциональных систем организма человека на основе двухкластерной трехкомпартментной системы управления // Вестник новых медицинских технологий. – 2014. – Т. 21. № 4. – С. 7-10.

4. Еськов В.М. Введение в компартментную теорию респираторных нейронных сетей // М.: Наука, 1994. – 160 с.

5. Еськов В.М., Еськов В.В., Гавриленко Т.В., Вохмина Ю.В. Кинематика биосистем как эволюция: стационарные режимы и скорость движения сложных систем– complexity // Вестник Московского университета. Серия 3: Физика. Астрономия. – 2015. – № 2. – С. 62-73

6. Еськов В.М., Еськов В.В., Гавриленко Т.В., Зимин М.И. Неопределенность в квантовой механике и биофизике сложных систем / // Вестник Московского университета. Серия 3: Физика. Астрономия. – 2014. – № 5. – С. 41-46.

7. Еськов В.М., Полухин В.В., Дерпак В.Ю., Пашнин А.С. Математическое моделирование непроизвольных движений в норме и при патологии / // Сложность. Разум. Постнеклассика. – 2015. – № 2. – С. 75-86.

8. Зимин М.И., Гавриленко Т.В., Берестин Д.К., Черников Н.А. Определение принадлежности объекта к хаотическим системам на основе метода структурной минимизации риска // Сложность. Разум. Постнеклассика. – 2014. № 4. – С. 73-86.

9. Пашнин А.С., Клюс И.В., Берестин Д.К., Умаров Э.Д. Компартментно-кластерная теория биосистем // Сложность. Разум. Постнеклассика. – 2013. – № 2. – С. 57-76.

10. Попов Ю.М., Берестин Д.К., Вохмина Ю.В., Хадарцева К.А. Возможности стохастической обработки параметров систем с хаотической динамикой // Сложность. Разум. Постнеклассика. – 2014. – № 2. – С. 59-67.

Назарова И.П.,
кандидат филологических наук, доцент Кубанского государственного университета физической культуры, спорта и туризма, г. Краснодар, РФ
Схаляхова С.Ш.,
кандидат филологических наук, доцент Майкопского государственного технологического университета, г. Майкоп, РФ
Хачемизова М.А.
кандидат филологических наук, доцент Адыгейского государственного университета, г. Майкоп, РФ

РЕПРЕЗЕНТАЦИЯ НРАВСТВЕННОСТИ В СОВРЕМЕННЫХ СЛОВАРЯХ АФОРИЗМОВ

Нравственность, как показывает многолетняя практика преподавания в вузах, относится к разряду тех понятий, которые студенческой среде номинально известны, но чёткую формулировку или хотя бы обобщенное понимание в подавляющем количестве случаев молодые люди дать не в состоянии. Некоторые путают нравственность с элементарной культурой, ограничивают ее всего лишь вежливостью (хотя, как известно, существует и такой феномен, как вежливое хамство, что совершенно безнравственно), некоторые и вовсе считают нравственность понятием устаревшим. В такой ситуации принято адресовать людей к словарям, но при этом, как оказалось, возникает существенная проблема: каким именно современным словарям можно доверять в полной мере, а каким нет.

Понятие «современный» весьма расплывчато, может быть ограничено последним десятилетием, а может охватывать и более широкие временнЫе рамки, в частности, жизнь одного-двух поколений. Мы начнем обзор современных сборников афоризмов с конца советской эпохи, когда в 1990 году вышел сборник «Разум сердца. Мир нравственности в высказываниях и афоризмах», как явствует из названия, целиком посвященный понятию «нравственность». Составители в предисловии, названном «Афоризм как выражение нравственной мудрости», преследуют благую цель, определяют жанр книги не как хрестоматию и антологию нравственных мыслей, но как «самоучитель нравственности», ибо «всем своим содержанием она нацелена на то, чтобы побудить читателя к самостоятельной работе ума и сердца в вопросах морали», «послужить примером и подтолкнуть к такого рода духовной работе». Таким образом, составители, кандидаты философских наук, справедливо определяют высокую значимость нравственности в целом для общества и каждого человека в отдельности, а также подчеркивают важную роль афористики в формировании данного свойства человека гуманного, культурного.

Невзирая на то, что в соответствии с требованиями тогдашнего времени в начале каждой темы приводятся афоризмы и высказывания классиков марксизма, ценность и однозначность которых в настоящее время представляется в ряде случаев сомнительными, этот труд нельзя сбрасывать со счетов современности, поскольку в нем представлена тысячелетняя мудрость представителей практически всех известных человечеству школ и направлений мысли – от древнеегипетской, древнееврейской, древнекитайской, древнеиндийской, древнегреческой и т.д. до конца XX века. Многие из них прошли проверку временем и обрели твердое право считаться общечеловеческими, не зависящими от господствующей идеологии, общественного строя и состояния научно-технического прогресса. Образец нравственности восходит еще к легендарному мудрецу, царю Соломону, пожелавшему превыше других благ жизни иметь «сердце разумное, чтобы различать, что добро и что зло» [6, 8].

В книге «Мудрость России» (2005) помещен отдельный раздел «Мораль и нравственность» (около четырех страниц), в котором основное внимание уделено понятиям «совесть», «добро и зло» [4].

В сборнике с таким же названием, но составленном другим автором, В. Шойхером (2011), очень объемный раздел «нравственность» подразделяется на следующие рубрики: 1) честь, совесть 2) нравственность, добродетель, 3) добро и зло, справедливость 4) отношение к людям, благотворительность 5) суждение о людях. Каждый из них также имеет большое количество подразделов, например, второй из названных, «Нравственность. Добродетель», содержит такие статьи: гуманизм и нравственность, критерий нравственности, нравственность – основа общества, нравственность в жизни человека, основы норм нравственности, условность норм нравственности, лицемерие, ханжество, основы нравственности людей, достоинства и недостатки, достижение добродетели, пути победы над пороками, искушениями, порок, грех [5]. Очевидно, что даже сами названия зачастую содержат положительную и отрицательную оценку, призванную воспитывать читателя, служить ему ориентиром на добро и зло, допустимое и недопустимое в обществе.

В словаре «Антология мудрости» (2016) нравственности уделено много внимания и места – из 400 страниц 89. В составные части раздела «нравственность» включены такие подразделы, как достоинство человека, совесть, стыд, добродетель (людей), добро и зло, самолюбие и скромность, отношение к себе, отношение к людям, благотворительность, суждение о людях. Каждый из них в свою очередь включает еще от четырех до девяти подпунктов с большим количеством примеров. Кроме того, рассматриваемое понятие встречается еще и в других разделах, в частности, «человек», «жизнь» [1].

Интересна эволюция (или, уместнее, деволюция) рассматриваемого понятия в «Большой книге афоризмов». В первом ее издании (1999), позиционируемом автором-составителем К.В. Душенко как «самая современная книга афоризмов на русском языке», раздел «Нравственность. Этика. Мораль» присутствует, в начале его дается также отсылка к таким частям этого словаря, как «Десять заповедей», «Добро и зло», «Цель и средства», «Человек человеку» [2]. Во втором издании, еще более объемном, исправленном, названном «Новая книга афоризмов» (2014), места для подобного раздела уже не нашлось. В качестве представления об антинравственности присутствует крошечный раздел «Непристойность» (со ссылкой уже на раздел «Порнография и эротика»), включающий всего шесть афоризмов [3]. Таким образом, в этом издании опровергается казавшееся ранее непреложным, обязательным положение о том, что «без афоризмов на моральную тему не обходится ни одна подборка мудрых мыслей» (Разум сердца 1990, с. 8). Читатель этой книги, особенно только начинающий жизненный путь, не сможет найти ориентиры на шкале ценностей «добро – зло», не будут в состоянии сформировать у себя понятие нравственных ценностей. А это чревато неверным формированием личности или расшатыванием того, что составляет ее основу – хотя бы потому, что мало существует в мире незыблемого, раз и навсегда данного, и, как гласят афоризмы, *«Каждая эпоха имеет свою господствующую мораль, создаваемую не религией, не философией, а обычаем – единственной силой, способной объединить людей в одном чувстве, тогда как всё, что подвластно рассудку, их разъединяет»* (А. Франс) [1, 226]; *«Моральные ценности, как и всё на свете, меняются, обретают новое содержание в зависимости от изменения материальной и социальной основы общества»* (А.А. Фадеев) [4, 339]. Кроме того, *«Нравственность предопределяется законом»* (О. де Бальзак) [1, 226].

В современном нам российском обществе формируется новый строй с неизвестными доселе материальными и социальными основами, которые пока что весьма затруднительно поддаются четкой и однозначной формулировке, как это происходит, например, с основополагающим для всякого государства понятием национальной идеи. Цивилизационная преемственность в стране снова прервана, прежние человеческие ценности зачастую – справедливо или несправедливо – объявляются устаревшими, новые еще не сформированы либо их формирование способно вызывает недовольство и протест у просвещенного и духовно развитого слоя населения. В той ситуации сохранение основ человеческой нравственности представляется особо важной задачей, практически базой для выживания целого государства, если оно не хочет быть разрушенным и развеянным по ветру или порабощенным. Ориентироваться здесь нужно на лучшие образцы понимания нравственности как остова человека, ее целей и задач, которые даны нам в трудах мыслителей и нашли отражение в адекватных сборниках афоризмов. Невозможно, например, игнорировать такие мудрые выводы: *«Безнравственность сердца свидетельствует также об ограниченности ума»* (Б. Констан) [6, 18]; *«Просвещенный разум облагораживает нравственные чувства: голова должна воспитывать сердце»* (В. Шиллер) [6, 18]; *«Природа дала человеку в руки оружие – интеллектуальную моральную силу, но он может пользоваться этим оружием и в обратную сторону, поэтому человек без нравственных устоев оказывается существом самым нечестивым, низменным в своих половых и вкусовых инстинктах»* (Аристотель) [1, 227]. Невыполнение постулатов нравственности, как показывают многочисленные примеры истории, способно приводить к войнам, катастрофам, деградации и разрушению отдельных личностей, семей, народов, целых государств.

Литература

1. Антология мудрости /сост. В.Ю. Шойхер. – М.: Вече, 2016. – 400 с.

2. Душенко К.В. Большая книга афоризмов. – М.: ЗАО Изд-во ЭКСМО-Пресс, 1999. – 1056 с.

3. Душенко К.В. Новая книга афоризмов. – 2-е изд., испр. – М.: Эксмо, 2014. – 1120 с.

4. Мудрость России / авторы-составители А.Ю. Кожевникова, Т.Б. Линдберг. – СПб.: Издательский Дом «Нева», 2005. – 544 с.

5. Мудрость России / сост. В. Шойхер. 2011. URL: http://shoyher.narod.ru/ObAntl/MudrRosOg.html/ (дата обращения 19.04.2016).

6. Разум сердца. Мир нравственности в высказываниях и афоризмах / сост. В.Н. Назаров, Г.П. Сидоров. – М.: Политиздат, 1990. – 605 с.

Булахтина Н.А.

доцент, кандидат филологических наук

Федеральное государственное бюджетное образовательное учреждение высшего образования «Кубанский государственный университет»

АКТУАЛИЗАЦИЯ ЗООМОРФНОГО КОДА НЕМЕЦКОГО КОНЦЕПТА «КОМПЬЮТЕР»

Выявление признаков, свойственных представителям животного мира, для сравнения устройства и функционирования компьютера приводит к образованию зоометафор в структуре концепта «компьютер». Л. Р. Хомкова замечает, что «хотя в основе зооморфизмов в разных языках лежат названия одних и тех же биологических видов животных, смысл характеристики в этих языках может быть различным» [2,157].

Признаки или названия представителей животного мира и мира насекомых могут актуализировать названный концепт. Так, некоторые детали и устройства компьютера в результате метафорического переноса получили названия животных.

Для обозначения компьютерной «мыши» используется лексема die Maus (мышь), которая в толковом словаре имеет следующее значение: meist auf Rollen gleitendes über ein Kabel mit einem PC verbundenes Gerät, das auf dem Tisch hin und her bewegt wird, um den Cursor oder ein anderes Markierungssymbol auf dem Monitor des Computers zu steuern [8].

Компьютерные «мыши», которые являются основными манипуляторами и предназначены для управления операционными системами компьютеров [1, 893], при сравнении с обыкновенными мышами наделяются свойствами новорожденных мышат: Computermäuse, wie andere Mäuse blind geboren, aber auch geblieben [12].

Для обозначения значка, который указывается в адресе электронной почты и разделяет имя пользователя и адрес сервера, предоставившего почтовый ящик (@), используются лексемы der Klammeraffe, der Affenschwanz, das Affenohr, die Affenschaukel (ср.: в русском языке значок называется «собака»)). В прямом значении существительное der Klammeraffe называет обезьяну, обитающую в Центральной и Южной Америке, которая благодаря хвосту и длинным конечностям способна крепко цепляться за деревья. В толковом словаре немецкого языка данная лексема имеет следующее значение: (EDV Jargon): Zeichen, das in der Adresse einer E-Mail zwischen den Namen und der weiteren Adresse eingesetzt wird [12]. Следует предположить, что с точки зрения носителей немецкого языка, этот значок ассоциируется с завитым хвостом или формой уха обезьяны, поэтому для его обозначения также используются лексемы der Affenschwanz, das Affenohr. Лексема die Affenschaukel в одном из своих значений называет косичку, уложенную на голове в форме бублика: (ugs.) zu beiden Seiten des Kopfes in Form einer Schlinge herabhängender Zopf [12].

Автор афоризмов М. Райзенберг сравнивает компьютерное пиратство с кошкой, которая не может жить без охоты на мышей. Computerpiraterie: die Katze lässt den Mausklick nicht! [14].

Одну из программ для просмотра гипертекстовых документов в Интернете, так называемый браузер, обозначают лексемой der Feuerfuchs (букв. огненная лиса) или переводным аналогом из английского языка Firefox: Seit der Freigabe Ende vergangenen Jahres ist der als Open-Source-Software kostenlos erhältliche "Feuerfuchs" (eigentlich ist ein "Firefox" ein sogenannter kleiner Panda oder Katzenbär) mehr als 20 Millionen Mal heruntergeladen worden [15]; Neuer Fuchs fürs Web: Sie ist schneller, übersichtlicher und lässt sich leichter bedienen: die neue Version des Internetbrowsers Firefox [10].

Зоометафорами можно передать разные характеристики компьютера. Так, скорость работы компьютера сравнивается с гепардом, а основой для сравнения служит быстрота животного, ср.: Die Geschwindigkeit, mit der ein PC nötige Informationen sucht, kann man nur mit der Geschwindigkeit, die ein Gepard bei der Verfolgung seines Opfers entwickelt, vergleichen [6]. Работу компьютера можно не только замедлить, но и ускорить, что вербализируется посредством устойчивого словосочетания den Computer auf Trab bringen (букв. пустить компьютер рысью). Компьютер, который много и хорошо работает, ассоциируется с лошадью, его называют das Arbeitstier (ломовая лошадь), а старые компьютеры сравниваются с хромой уткой: Letztes Jahr war Ihr PC noch schnell und heute gehört er zu den lahmen Enten [5, 96]. В том случае, если компьютер начинает работать медленно, используется фразеологизм den PC zur Schnecke machen (букв. «превращать в улитку») [5]. Компьютерам приписываются действия представителей животного мира, например, детёнышей: Die Computer piepen... [13].

Компьютерные вирусы называют лексемой der Computerwurm (компьютерный червь): Erneut bedroht ein Computerwurm weltweit PC mit dem Betriebssystem Windows [7]; Gefährlich ist der Wurm auch, weil er versucht, auf dem infizierten Rechner eine sogennante Backdoor, eine Hintertür, zu installieren, so Dirk Kollberg, Sicherheitsexperte bei McAfee Avert [3]. Компьютеры подвергаются нападению вируса под названием «троянский конь», ср.: In Vorträgen geht es um Trojanische Pferde und die Sicherheit im Internet, um Ikonen der Informatik, virtuelle Welten, E-Learning und die mobile Kommunikation [16].

Для номинации технических неисправностей в компьютере используется лексема die Bugs (клопы, жуки). Microsoft Firmenregel: Die Anzahl der Bugs sollte die Anzahl der Bytes nicht übersteigen [9].

Компьютерную сеть называют словом das Netz (сеть), так как она ассоциируется с сетью, которую плетёт паук, ср.: Menschen fallen ins Netz des Computers herein, wie die Fliegen ins Netz der Spinne [6]. Писатель и автор афоризмов Э. Башнонга иронизирует по поводу действий компьютерщика, готового запрограммировать даже паутину: Zur Spinne kam der Computerfachmann und programmierte ihr die Maschen ins Netz. Ei, wie freuten sich die Mücken! [4].

Когда речь идёт о подключении к компьютерной сети, часто встречается существительное die Vernetzung (подключение к компьютерной сети) и словосочетание vernetzt sein (быть подключённым к сети), а также словосочетания das globale Netz (глобальная сеть), weltweites Datennetz (всемирная сеть данных) для номинирования понятия «Всемирная паутина»: und die Frage ist, ob unsere so vernetzten Körper dann mit Problemen zu kämpfen haben werden, unter denen wir bereits jetzt in der Computerwelt leiden müssen: Hacker, Spam und Viren [11].

Значимость компьютера в современном немецком обществе подтверждает тот факт, что в сознании носителей немецкого языка функционирование компьютера и его устройства приобретают признаки представителей мира животных и насекомых. Зоометафорами именуются устройства компьютера (компьютерная мышь, значок электронной почты, компьютерный вирус, технические неисправности) и особенности функционирования компьютера, касающиеся его характеристик.

Литература:

1. Леонтьев В. П. Новейшая энциклопедия персонального компьютера 2002. М.: ОЛМА – ПРЕСС, 2002. 920 с.

2. Хомкова Л. Р. Структурно-семантическая характеристика метафорического фрейма «работа-успех-неудача» (на материале немецкого языка): Автореферат дис. канд. филол. наук: 10.02.04. Иркутск, 2002. 18 с.

3. abendblatt.de vom 19.02.2005 / WORTSCHATZ-LEXIKON. URL: http://wortschatz.uni-leipzig.de

4. Baschnonga E. / 1001 APHORISMEN. URL: http:// aphorismen.de

5. Burger H. Phraseologie. Eine Einführung am Beispiel des Deutschen. Berlin: Erich Schmidt Verlag, 2003. 224 S.

6. Der Spiegel ONLINE / WORTSCHATZ-LEXIKON. URL: http://wortschatz.uni-leipzig.de

7. Die Welt 2001 / WORTSCHATZ-LEXIKON. URL: http://wortschatz.uni-leipzig.de

8. Duden Deutsches Universalwörterbuch [Электронный ресурс] / PC-Bibliothek Express. 1 электрон. опт. диск (CD-ROM).

9. Erik. Computer und andere Probleme / Die Zitate-Welt. URL: http://zitate-welt.de

10. F.A.Z. 15.06.2008 / SPIEGEL ONLINE. URL: http:// spiegel.de

11. fr-aktuell.de vom 24.03.2006 / WORTSCHATZ-LEXIKON. URL: http://wortschatz.uni-leipzig.de

12. Hinrich M. / 1001 APHORISMEN. URL: http://aphorismen.de

13. PZ, № 88/ Dezember,1996

14. Reisenberg M. / 1001 APHORISMEN. URL: http:// lexikon.ch-zitate.de

15. spiegel.de vom 28.01.2005 / WORTSCHATZ-LEXIKON. URL: http://wortschatz.uni-leipzig.de

16. sueddeutsche.de vom 28.06.2006 / WORTSCHATZ-LEXIKON. URL: http://wortschatz.uni-leipzig.de

Колесников А.В.

старший научный сотрудник, доктор технических наук, кафедра аналитической и физической химии

ФГБОУ ВПО «Челябинский государственный университет»

Семенов К.В.

студент 5 курса химического факультета

ФГБОУ ВПО «Челябинский государственный университет»

ИЗМЕНЕНИЕ ПАРАМЕТРОВ ЭЛЕКТРОХИМИЧЕСКИХ ПРОЦЕССОВ В ПРИСУТСТВИИ ЛИГНОСУЛЬФОНАТА

Поверхностно-активные вещества оказывают влияние на электрохимические процессы. В публикации [1] изучали влияние поверхностно активных высокомолекулярных флокулянтов, имеющих различную величину и плотность заряда, на процесс электровосстановления цинка, используя результаты хронопотенциометрических данных и поляризационных кривых. В работе [2] изучено влияние на электрохимические процессы добавки поверхностного активного вещества лигносульфоната. В публикации [2,111] отмечается, что адсорбированное органическое вещество действует непосредственно на течение электрохимических процессов, так как увеличивает расстояние между обкладками плотной части двойного слоя, а это повышает энергию активации реакции разряда. В зависимости от условий в присутствии адсорбционного слоя наблюдается или снижение скорости реакции, или рост перенапряжения. В соответствии с теорией замедленного разряда скорость электрохимической реакции при постоянной объемной концентрации реагирующего вещества в около электродном слое определяется уравнением:

$$i = k_1 e^{\frac{\alpha(\varphi - \psi_1)F}{RT}} \cdot e^{-\frac{n\psi_1 F}{RT}} \quad . \qquad (1)$$

Если же электроосаждение металла протекает в присутствии адсорбционного слоя, то скорость реакции будет равна:

$$i = k_1 f(\Gamma) e^{\frac{\alpha(\varphi - \psi_1)F}{RT}} \cdot e^{-\frac{n\psi_1 F}{RT}} , \qquad (2)$$

где $f(\Gamma)$ – функция, убывающая с увеличением количества адсорбционного вещества и удовлетворяющая условию $f(0) = 1$; φ – разность потенциалов на границе электрод-раствор; ψ_1 – пси-потенциал на расстоянии реагирующей частицы от поверхности электрода, а ψ_1' значение пси-потенциала, видоизмененное процессом адсорбции; n – валентность реагирующей частицы, k_1 –константа; α – число переноса.

Абсолютная величина и знак ψ_1' определяются природой входящих в состав двойного слоя ионов или молекул поверхностно-активных веществ. Если на катоде адсорбируются поверхностно-активные катионы, пси-потенциал имеет положительное значение и наблюдается замедление реакции, в случае адсорбции поверхно-активных анионов ψ_1' имеет отрицательное значение и электродная реакция ускоряется [2,111].

Целью настоящей работы было исследование электрохимических процессов в присутствии добавок лигносульфоната.

Объектом исследования являлся порошкообразный лигносульфонат «марки А» (ЛСТ), который производит Камский целлюлозно-бумажный комбинат по ТУ 13-0281036-15-90 из сульфитного щелока. Лигносульфонат относится к отходам целлюлознобумажного производства и является водорастворимым производным природного полимера лигнина. Химическая структура лигносульфоната представляет ароматические ядра, соединённые пропановыми остатками в длинные неполярные цепочки, в которые включены полярные сульфогруппы, карбонильные соединения и гидроксильные группы. Лигносульфонат относится к анионо-активным ПАВ и его реакционно-способными группами в первую очередь являются сульфогруппы (рис. 1, табл. 1) [2,112]. Молекулярная масса лигносульфонатов около 10000-45000, содержит 14-15 % сульфогрупп и около 10 % карбоксильных групп, характеризуется высокой поверхностной активностью.

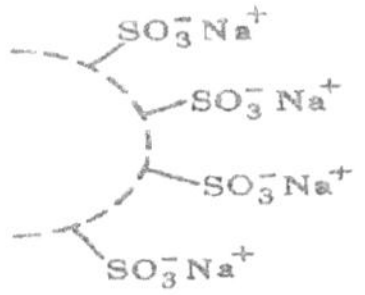

Рис. 1. Сульфогруппы макромолекул ЛС-Na (натривая соль лигносульфоновой кислоты)

Табл. 1. Химический состав лигносульфоната (ЛСТ)

С	Н	О	S	OCH_3	ОН фенольный
52.12	4.62	37.83	5.43	10.05	4.66

В лабораторном электролизе на промышленном растворе (цинк 45-50 г/л и H_2SO_4 150-160 г/л) была получена степенная множественная зависимость выхода по току от расхода лигносульфоната. На рис. 2 видно присутствие двух максимумов при 25-30 и 150-175 мг/л ЛСТ [2,115] . Особый интерес представлял первый максимум при добавке 25-30 мг/л.

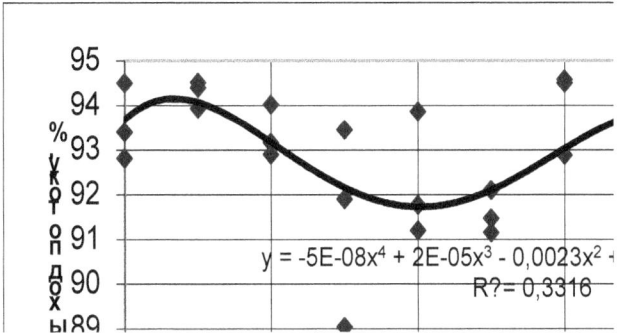

Рис. 2. Изменение выхода цинка по току в зависимости от расхода ЛСТ

При таком количестве введенного лигносульфоната совместно с другими используемыми на электролизе цинка добавками ПАВ были получены наиболее эластичные цинковые осадки [2,6]. На данную технологию оформлен патент России [3]

Проведенные исследования на модельном растворе (цинк 49 г/л и H_2SO_4 57 г/л) показали, что существенное снижение тока разряда цинка

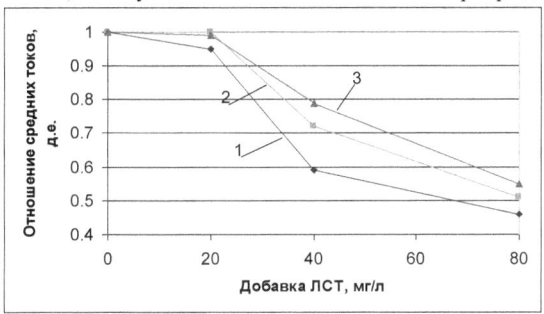

Рис.3. Влияние добавки лигносульфоната (ЛСТ) на отношение токов разряда цинка. Средний ток разряда цинка (период 60 сек) без добавки ЛСТ принят за единицу. 1,2,3 соответственно, получены при1050, 1100, 1150 мВ (по Ag/AgCl электроду)

начинается при добавке выше 20 мг/л (средние данные получены из двенадцати серий снятых потенциостатических кривых).

Несколько другие данные получены на нейтральном растворе сульфата цинка (16,4 г/л цинка) (табл.1). Только при потенциале минус 1050 мВ наблюдается устойчивое снижение токов разряда, а при потенциалах минус 1100 и 1150 мВ происходит возрастание тока до добавки 40 мг/л.

Табл.1. Влияние добавок лигносульфоната на отношение токов при разных потенциалах

Добавка ЛСТ, мг/л	Потенциалы, мВ (по по Ag/AgCl электроду)		
	1050	1100	1150
0	1,0	1,0	1,0
20	0,65	1,0	1,04
40	0,71	1,08	1,18
80	0,48	0,86	0,97

При определении содержания цинка, свинца и кадмия (50-100 мкг/л) методом инверсионной вольтамперометрии [4,52] добавки лигносульфоната в количестве от 20 до 120 мг/л повышали чувствительность определения элементов. На регистрограмме возрастала площадь пика при введении ЛСТ при одной и той же концентрации металла в растворе (табл.2).

Отличительное влияние добавок ЛСТ в случае инверсионной вольтамперометрии связано с разными электродами, на которых проходит разряд металлов. Вероятно, разряд металлов в ртутную амальгаму проходит с меньшей поляризацией, чем на цинковых электродах. К тому же по методике инверсионной вольтамперометрии максимальный потенциал разряда составлял минус 1400 мВ (по Ag/AgCl), что значительно выше исследований разряда цинка.

Табл.2. Влияние добавок лигносульфоната на отношение площадей пика

Добавка ЛСТ, мг/л	Отношение площадей пика (площадь пика с ЛСТ/ площадь пика без ЛСТ)		
	цинк	кадмий	свинец
20	1,70±0,39	3,17±1,04	1,70±0,41
40	1,52±0,41	1,87±0,47	1,30±0,31
80	1,31±0,25	1,44±0,71	1,52±0,66
120	1,35±0,34	1,47±0,67	1,48±0,40

Литература

1. Колесников А.В. Влияние флокулянтов на электровосстановление цинка из сульфатных растворов // Вестник СГТУ. - 2014. - № 3(76). - С.47-52.

2. Колесников А.В. Исследования причин эффективного использования лигносульфонатов в электролизе цинка // Бутлеровские сообщения. - 2014. - Т.40. - № 12. - С.110-116.

3. *Пат.* 2095477 Россия, МПК[6] С25С 1/16. Способ предотвращения образования сернокислотного тумана. Казанбаев Л.А, Козлов П.А., Колесников А.В., Затонский А.В., Павлов А.Д. *Открытия. Изобрет.* – оп. 10.11.**1997**. №31.

4. Колесников А.В. Восстановление меди металлическим цинком в водных растворах в присутствии высокомолекулярных ПАВ // Конденсированные среды и межфазные границы. – 2016 – Т.18. - №1. - С.46-55.

Музаев И.Р.,
аспирант Чеченского государственного педагогического института,
г. Грозный, Чеченская Республика
Кузьмин К.В.,
студент 2 курса магистерской программы «Международный менеджмент»,
Северо-Кавказский федеральный университет
г. Ставрополь, Российская Федерация

ОСОБЕННОСТИ СТИМУЛИРОВАНИЯ ИННОВАЦИОННОЙ ДЕЯТЕЛЬНОСТИ МАЛОГО И СРЕДНЕГО ПРЕДПРИНИМАТЕЛЬСТВА ЗА РУБЕЖОМ

Одним из драйверов развития национальных экономик во всем мире считается малое и среднее предпринимательство (МСП), которое является наиболее распространенной формой бизнес-активности, внося значительный вклад в устойчивое социально-экономическое развитие своей страны. Учитывая возрастающую инновационную направленность развития экономических процессов во всем мировом сообществе, стимулирование инновационной деятельности малого и среднего бизнеса признается важной задачей антикризисной политики по обеспечению национальной конкурентоспособности и безопасности. Активная государственная поддержка инновационных инициатив МСП является неотъемлемым элементом (но не исчерпывающим) национальной инновационной системы большинства стран мира: США, Японии, Китая, Германии, Финляндии, Великобритании, Индии, Венгрии, Польши, Южной Кореи и др.

МСП, в силу своей инициативности, оперативности, гибкости, динамичности и высокой внутренней мотивации, может гораздо эффективнее, чем крупный бизнес, генерировать и осваивать инновации. Кроме того, наличие инновационной составляющей само по себе является сущностной характеристикой предпринимательства как вида человеческой деятельности. Поэтому в условиях усиливающейся глобальной конкуренции для построения инновационной экономики России необходим поиск и внедрение наиболее эффективных, адекватных современному общеэкономическому состоянию инструментов активизации инновационной деятельности МСП, учитывающих как позитивный, так и негативный зарубежный опыт, что позволит правильно оценить последствия принимаемых решений, ускорить процессы рыночных преобразований и отказаться от заведомо ошибочных инициатив.

По мнению Заболоцкой В.В. [1], в глобальном экономическом сообществе свою состоятельность демонстрируют пять моделей поддержки и стимулирования инновационной деятельности МСП: англосаксонская (США, Австралия, Великобритания), европейская (континентальная – Германия, Франция, Италия, Испания), скандинавская

(Финляндия, Швеция, Дания, Норвегия), азиатская (Япония, Китай, Южная Корея, Сингапур), индустанская (Индия, Шри-Ланка). Фундамент инновационного предпринимательства в данных моделях составляют венчурные предприятия, стартап-компании, технопарки, а также венчурные фонды и бизнес-ангелы на фоне активной государственной позиции. В соответствии с таблицей 1 представлены особенности каждого пути развития инновационной экономики в опоре на субъектов МСП.

Анализ зарубежной практики активизации инновационной активности выявил многообразие форм и видов государственного регулирования МСП, реализуемого по таким основным направлениям, как финансово-техническое, организационно-инфраструктурное, нормативно-правовое, информационно-консультационное обеспечение. Несмотря на то, что каждая страна реализует свой индивидуальный путь инновационно ориентированного развития, можно выделить определенные общие черты: активная позиция государства в лице разветвленной сети организационных структур различных уровней управления, реализующих комплекс научно-технических программ; согласованность инновационной политики со всеми видами социально-экономической политики страны; широта влияния инновационной политики, охват всех этапов инновационного процесса; учёт особенностей инновационного процесса – цикличности, рискованности, достоверности результатов; развитие венчурного инвестирования; наличие разветвленной сети инновационной инфраструктуры – инкубаторов, технопарковых структур, венчурных капиталистов (в т.ч. «бизнес-ангелов») [2].

Благодаря такого рода поддержки инновационной деятельности в зарубежных странах ежегодно растет количество МСП и их доля в структуре ВВП страны, что подтверждают данные ежегодного мониторинга международного проекта «Глобальный мониторинг предпринимательства». Так, по данным мониторинга в 2014-2015 гг. вклад МСП в ВВП Италии составил 67%, Финляндии – 60 %, Китае – 58 %, Великобритании и США – 54 %, Германии – 53 %, Корее – 50 % [4]. В России в 2015 г. действовало около 5,6 млн субъектов МСП, обеспечивающих занятость 25% населения и создающих около 20% ВВП страны [5]. При этом доля именно инновационно активных малых и средних организаций в общем числе российских предприятий составляла 34 % [6,7], в то время как в Германии, США, Франции и Японии более 10 лет назад она достигала уровня 70-82%[8]. Отрицательную динамику и демонстрирует российский венчурный рынок: за последние два он сократился в три раза и составил в 2015 г. $2,19 млрд (без учета «мегасделки» (инвестиции в размере более $100 млн) - $232,6 млн), что значительно меньше, чем в США – $58,8 млрд [9].

Несмотря на предпринимаемые меры российским правительством развитие инновационной деятельности в системе МСП остается крайне низким не только на фоне развитых стран, но и стран-участниц БРИК.

Таблица 1 – Зарубежный опыт поддержки инновационной деятельности субъектов МСП*

Название модели	Страны-представители	Источник финансирования инновационной деятельности МСП	Преобладающий тип инновационной стратегии	Инструментарий реализации инновационных стратегий государств
Англосаксонская	США, Великобритания, Австралия	Государство, венчурные фонды, бизнес-ангелы, частные инвесторы, управляющие инициативой	Стратегия косвенного регулирования (методы управления инициативой)	1. Финансово-технологическое обеспечение: государственное финансирование инновационных МСП, возмещение части текущих производственных расходов, содействие вложениям в нематериальные активы (программы освоения наукоемкой и высокотехнологичной продукции, подготовки кадров), предоставление технологических баз для проведения исследований и государственных гарантий для участия в тендерах, помощь в патентовании новых разработок и в защите авторских прав, стимулирование развития патентных и венчурных фирм, адресное льготное налогообложение, ускоренная амортизация, льготирование условий аренды земли, ОПФ, находящихся в госсобственности, таможенные квоты для защиты национального наукоемкого товара, разработка механизма оценки инновационного посредничества между создателями инноваций и предпринимателями, развитие системы рисковых фондов. 2. Организационно-инфраструктурное обеспечение: развитие системы научных кластеров, технопарков, бизнес-инкубаторов и пр., стимулирование обмена квалифицированными кадрами, развитие государственно-частного партнерства, усиление системы общего образования, создание кредитно-финансовых организаций целевого финансирования перспективных НИОКР и инновационных фирм, системы их страхования. 3. Нормативно-правовое обеспечение: защита прав интеллектуальной собственности как новаторов (в т.ч. ученых), так и компаний-работодателей, чьи работники создают инновации, принятие комплекса рекомендаций по обеспечению сохранности коммерческих секретов, контроль за расходованием бюджетных средств на НИОКР. 4. Информационно-консультационное обеспечение: ведение реестра инновационных МСП, создание справочных служб, консультирующих представителей МСП по вопросам ведения инновационной деятельности, развитие практического наставничества и аутсорсинга, формирование обширных баз данных по проведенным исследованиям, перспективным
Европейская (континентальная)	Германия, Франция, Италия, различные формы государственно-частного	Банки, государство	Стратегия активного вмешательства (прямые методы госрегулирования)	
Скандинавская	Финляндия, Швеция, Дания, Норвегия, Нидерланды	Технологическая и производственная кооперация, создание кластеров вокруг крупных предприятий	Смешанная стратегия, кластерные стратегии (Дания, Нидерланды, Финляндия)	
Азиатская	Япония, Южная Корея, Сингапур, Китай	Крупные многоотраслевые корпорации, связанные с банковским сектором, частные специализированные научно-технологические агентства	Стратегия активного вмешательства (прямые методы госрегулирования на различных уровнях власти)	
Индустанская	Индия, Шри-Ланка	Государство, государственные и частные институты тренинга и переобучения, коммерческие банки, международные корпорации, создание кластеров промышленных предприятий, бизнес-инкубаторов, научно-технологические и бизнес-парки	Стратегия активного вмешательства (прямого целевого финансирования перспективных инновационных фирм, системы их страхования в сочетании с кластерной философией (Индия)	

Составлено авторами по: [1,2,3]

Следовательно, России следует интегрировать опыт ведущих мировых держав для создания своей модели государственного регулирования инновационной деятельности МСП, учитывающей специфику развития рыночных институтов, уровень регионализации, культуру, менталитет и т.п.[10] По нашему мнению, России необходимо, например, как в Индии, успешно развивать микро-, малое и среднее предпринимательство, в том числе и посредством кластерной системы, используемой Японией с участием всех уровней власти и разветвленной инфраструктуры его поддержки. Весьма полезен опыт США в реализации таких программ господдержки инновационного МСП, как SBIC (Small business investment company – Программа инвестиций в малый бизнес), SBIR (Small Business Innovation Research Program – Программа инновационных исследований в малом бизнесе), STTR (Small Business Technology Transfer Program – Программа трансфера технологий в малом бизнесе), а также системы бесплатного консультирования и обучения начинающих и действующих предпринимателей по техническим, организационным и финансовым проблемам на различных этапах жизненного цикла их бизнеса. У Германии можно позаимствовать практику создания системы региональных рисковых фондов, финансовые средства которых распределяется между предприятиями-участниками передовых процессов НТП, создающих новые ниши и способствующих эффективному ускорению развития национальной экономики. Ценным будет и ее опыт кооперации МСП с научным сообществом, в том числе и при переводе специалистов из вузов в малые предприятия и наоборот. Свою перспективность на практике доказал применяемый в Германии механизм инновационных ваучеров Министерства экономики и технологий Германии, позволяющих инновационному МСП получать бесплатную внешнюю консультацию по вопросам развития технологий на территории всей страны [1,2]. Интересным направлением поддержки производственной и инновационной деятельности в секторе МСП, является использование опыта высококвалифицированных специалистов (управленцев, инженеров, ученых, финансистов и др.), вышедших на пенсию и имеющих возможности для диффузии своих знаний и опыта. В частности, в США, странах ЕС организованы консультационные пункты, обслуживаемые специалистами пенсионного возраста, составляющими мощный интеллектуальный резерв страны, реализуемый с минимальными организационными усилиями и небольшими финансовыми затратами [3].

Таким образом, усвоение международного опыта и его адаптация с учетом российской специфики является важной составляющей инновационной политики государства. Однако, этот процесс будет эффективен только в том случае, если измениться само отношении государства к сектору МСП, которое должно признать его в качестве полноценного экономического института и создать необходимые благоприятные институциональные условия для становления и развития системы инновационного малого и среднего бизнеса в России.

Литература и источники

1. Заболоцкая В.В. Современные зарубежные модели финансовой поддержки инновационной деятельности малого и среднего предпринимательства //Препирательство. 2015. №1 (37). С. 53-60.

2. Фадеев Ю.В. Инновационное предпринимательство: мировой опыт развития//Вестник Финансового университета. 2011. №1. С. 15-21.

3. Бондаренко В.А. Зарубежный опыт государственной поддержки инновационных малых и средних предприятий //НП «Московский центр развития предпринимательства», 2010. URL: http://www.kfpp.ru/analytics/material/innovation.php (дата обращения: 24.04.2016).

4. Официальный сайт Глобальный мониторинг предпринимательства GEM. URL: http://gemconsortium.org/report(дата обращения: 24.04.2016).

5. Официальный сайт Росстат. URL: http://www.gks.ru (дата обращения: 15.04.2016).

6. Максименко Л.С., Музаев И.Р., Чернова А.С. Исследование видов и особенностей инновационных стратегий российских компаний на современном этапе // Вестник Северо-Кавказского федерального университета. 2015. № 4 (49). С. 67-75.

7.Индикаторы инновационной деятельности 2016 : статистический сборник/ Н.В. Городникова, Л.М. Гохберг, К.А. Дитковский и др.; Нац. Исслед. ун-т «Высшая школа экономики». М. : НИУ ВШЭ, 2016. – 320 с. URL: https://www.hse.ru/data/2016/03/21/1128209282/Индикаторы%20инновацион ной%20деятельности%202016.pdf (дата обращения: 24.04.2016).

8. О комплексе мер по поддержке малого предпринимательства/ Доклад МАП России, подготовленный в соответствии с Планом заседаний Правительства Российской Федерации на второе полугодие 2003 года, утвержденным 1 июля 2003 года №4735п-П41.

9. Осипов И., Сухаревская А. Более 50% венчурного рынка России в 2015 году пришлось на одну сделку. URL: http://www.rbc.ru/technology_and_media/24/03/2016/56f3d7a49a7947e6fc784b c5(дата обращения: 24.04.2016).

10. Максименко Л.С., Година О.В. Исследование современных направлений формирования стратегии инновационного развития компаний// Вестник Северо-Кавказского федерального университета. 2015. № 5 (50). С. 80-86.

Подолякина Е.В.,
к.т.н., доцент, Вологодский государственный университет, Россия
Калинина А.М.
магистрант, Вологодский государственный университет, Россия

МЕРЫ ГОСУДАРСТВЕННОЙ ПОДДЕРЖКИ МАЛОГО БИЗНЕСА В ВОЛОГОДСКОЙ ОБЛАСТИ

Непременным условием успеха в развитии малого бизнеса является всесторонняя и стабильная государственная поддержка. Финансирование малого бизнеса — наиболее острый вопрос, с которым сталкивается каждый предприниматель, ведущий свое дело. Самым распространенным из внешних источников финансирования являются кредиты, выдаваемые малому бизнесу.

Однако реально получить кредит под малый бизнес очень непросто. В настоящее время более чем 90% малых предприятий не могут начать производство без заемных средств и кредитов. По данным Министерства экономического развития и торговли РФ, малый бизнес нуждается в 30 млрд. кредитов ежегодно, но получает только 10-15% от этой суммы. От общего объема всех выдаваемых кредитов только 6% выдается малому бизнесу.

По данным обследования российских банков, проводившегося Ассоциацией региональных банков России, оказалось, что только 33,9% из всех обратившихся за кредитом предпринимателей получили кредит. В основном это микрокредиты. 44% всех предоставленных кредитов выданы на сумму от 3 до 60 тысяч рублей. Крупные кредиты, от 300 до 600 тысяч рублей составили всего 7,5% [1, 19].

Можно выделить следующие проблемы низкого уровня развития малого бизнеса в России с точки зрения самих предпринимателей. Во-первых, это высокая налоговая нагрузка (47%) и ограниченность финансовых средств (46%), во-вторых, это коррупция в органах власти (32%) и высокая арендная плата (31%), в-третьих, это трудности с получением кредита (25%), в-четвертых, низкая квалификация персонала (12%) и проблемы, связанные непосредственно с регистрацией самого бизнеса (11%). Из этого следует, что ограниченность финансовых ресурсов является практически основной преградой в развитии малого бизнеса.

Опрос, проведенный Ассоциацией региональных банков, показал, что наиболее существенным при выдаче банком кредита малому предприятию является финансовое состояние малого предприятия (91,6% опрошенных банков). На второе место 81,9% поставили «Хорошее обеспечение кредита», 75% банков отметили «Кредитную историю заемщика». Эти данные говорят о том, что банки крайне редко выдают кредит в качестве стартового капитала для вновь созданных малых предприятий.

Одной из главных причин такого положения на рынке кредитования малых предприятий является наличие крупных кредитных рисков, что подтверждается данными обследования Ассоциации региональных банков России. Среди причин, препятствующих увеличению объемов кредитования малого предпринимательства, именно высокие риски кредитования ставятся на первое место (58,3%). Далее идет отсутствие надежного заемщика (45,8%), недостаточная ресурсная база (22,2%), высокие операционные издержки (12,5%), отсутствие спроса на условиях банка (12,5%) [1,22].

Тем не менее, развитие кредитования на российском рынке продолжается. Малый бизнес более рентабелен, чем крупный. По данным Росстата, 68,6% малых компаний были прибыльны, а из крупных предприятий положительные показатели только у 61,9%.

В Вологодской области реализуются мероприятия, определенные долгосрочной целевой программой «Развитие малого и среднего предпринимательства в Вологодской области на 2014–2016 годы» [2]. В рамках Программы на поддержку малого и среднего предпринимательства в 2015 году было выделено 604,3 млн. руб., в том числе из федерального бюджета привлечено 474,8 млн. руб., из регионального – 129,5 млн. руб. В 2015 г. объем финансовой поддержки по всем направлениям финансирования достиг максимума за все годы – 1, 2 млрд. рублей.

Данная программа предполагает предоставление субсидий на создание собственного дела, субсидии на возмещение затрат по уплате процентов по кредитам и по лизинговым договорам, поручительства по кредитным договорам, микрофинансирование предприятий малого и среднего бизнеса (МСБ), возмещение затрат по обучению начинающих предпринимателей.

В программе также уделено внимание предприятиям МСБ, которые нуждаются в средствах для дальнейшего развития бизнеса – для таких целей существует программа микрофинансирования. С 2011 года объем выданных займов увеличился в 15,5 раз. В 2015 году предоставлено микрозаймов на сумму 350,3 млн. рублей, что позволило сохранить более 3,5 тыс. рабочих мест и создать более 1,2 тыс. новых [3].

Объем выданных микрозаймов, тыс. руб.

Годы	1 квартал	2 квартал	3 квартал	4 квартал
2011	-	3650	6150	12251
2012	10350	13957	13870	19385
2013	13490	16585	18910	24599
2014	24379	29033	58501	44040
2015	62039	74951	71830	141440

Территориальная структура микрозаймов выявила проблему недостаточного развития предприятий МСБ в районах области, что частично объясняется тем, что около 50% населения проживает в двух крупных городах Вологодской области, а также недостаточной информированностью населения районов о возможностях финансирования бизнеса.

Территориальный охват выданных займов за 2015 год

Район	.Вологда	Череповец	Сокольский район	Никольский район	Вытегорский район	Другие районы
Доля, %	47,5	8,4	7,3	5,4	4,6	26,8

Малый бизнес в большинстве своём представлен в сферах с высокой долей оборачиваемости капитала. Почти каждое четвертое малое предприятие занимается торговлей, каждое шестое — строительством, двенадцатое — сельским хозяйством, седьмое работает в обрабатывающем производстве.

Структура выданных микрозаймов в 2015 г.

Сфера деятельности	Производство	Торговля	Услуги	Строительство	Сельское хозяйство	Другое
Доля, %	32	25	7	6	11	19

Если без государственной поддержки малый бизнес ожидало сокращение численности, то благодаря комплексу правительственных мер численность как предприятий малого и среднего бизнеса, так и занятых в этом секторе уверенно растет. При этом наблюдается стабилизация общего количества предприятий МСБ, однако количество микропредприятий выросло на 151%, а средних — на 114%. Численность индивидуальных предпринимателей возросла с 39,8 тыс. до 43,5 тыс. [4].

Количество малых и средних предприятий, тыс. ед.

Годы	2012	2013	2014	2015
Количество МСП, тыс.ед.	10,2	11,2	12,6	13,8

На предприятиях МСБ работают 32,7% от общего числа занятых в экономике Вологодской области. По России этот показатель составляет 25% [4].

Количество занятых в малом и среднем предпринимательстве, тыс. чел

Годы	2012	2013	2014	2015
Количество занятых, тыс.чел.	182,3	183,1	183,2	188,7

О положительном влиянии мер государственной поддержки, реализуемых в регионе, свидетельствует увеличение доли продукции, произведенной предприятиями МСБ в 2015 г. В общем объеме валового регионального продукта она составила 12,5%. Доля налоговых поступлений от субъектов МСБ при этом составляет 16,9%. В целом оборот малых и средних предприятий вырос и за 9 месяцев 2015 года составил 174,6 млрд. рублей, что на 9 % выше аналогичного периода 2014 года.

Динамика свидетельствует, что субъекты малого предпринимательства с меньшими потерями переживают кризисные явления в экономике, в т. ч. и благодаря государственной поддержке этого сектора экономики. Около половины из числа опрошенных предпринимателей видят возможность расширения своего бизнеса не только в ближайшей, но и долгосрочной перспективе. На каждом втором предприятии имеется план развития бизнеса.

Основными направлениями дальнейшего развития системы поддержки предприятий МСБ являются [5, 231]:

1. Более активная информационная поддержка программ развития малого и среднего предпринимательства, направленная на население районов Вологодской области.

2. Изменение структуры малого бизнеса в сторону увеличения количества малых предприятий в сфере производства, ЖКХ, инноваций.

3. Активизация финансирования направлений бизнеса, связанных с расширением производства и внедрением новых технологий [6,257].

4. Стандартизация выдачи кредитов индивидуальным предпринимателям, что позволит банкам выдавать кредиты не только в центральных, но и в дополнительных офисах.

5. Взаимодействие налоговых органов с фондами кредитования для сокращения времени проверки заемщика и упрощения процедуры выдачи кредитов.

6. Повышение образовательного уровня предпринимателей, подготовка кадров для малого и среднего бизнеса путем открытия дополнительных образовательных программ.

Литература

1. Крюков С.П. О новых тенденциях в кредитовании малого и среднего бизнеса // Финансы. 2014. № 2. – С. 15-28

2. Закон Вологодской области от 5 декабря 2008 года № 1916-ОЗ "О развитии малого и среднего предпринимательства в Вологодской области"

3. Портал «Малый и средний бизнес Вологодской области» // www.smb35.ru

4. Фонд ресурсной поддержки малого и среднего предпринимательства Вологодской области // www.frp35.ru/index.php/finansovye-pokazateli/rezultaty-raboty-fonda/599-rezultaty-raboty-za-2014-god

5. Подолякин О.В., Подолякина Е.В.. Развитие государственной системы поддержки экспортно-ориентированных субъектов малого и среднего предпринимательства Вологодской области // Научное обозрение. - 2014. - №5 (51). - С.227-232

6. Советова Н.П. Структурно-сопоставимая оценка инновационного потенциала региона // Проблемы современной экономики. – Санкт-Петербург, 2014. - №2 (50). - С.254-257.

Vingert V.V.
PhD in Economics, Assistant Professor, Marketing Department, Siberian
Federal University
Palnikova E.N.
Master, Siberian Federal University, janepalnikova@mail.ru

THE URBAN PUBLIC TRANSPORT IN KRASNOYARSK: ENHANCING COMFORT AND SAFETY

Abstract: Krasnoyarsk city's current road network was built in Soviet times and designed for a much smaller traffic load than today. The ever-increasing number of vehicles has led to a variety of issues in the transport infrastructure of the city. Experts believe that nowadays traffic problems in the Krasnoyarsk city can be solved only through a series of measures, including repair of roads, build new roads, allocation of special lanes for public transport, construction of a fourth bridge over the Yenisei river and many other measures.

Keywords: traffic infrastructure; traffic problems; roads; transport strategy; passenger vehicle; ring railroad; the high-speed tram; safety.

Introduction:

Public transport plays an important role in the socio - economic development. Furthermore, the development of the urban public development depends on the quality of life, thus it's important to improve the comfort and safety of passengers.

There is a rapid development of house and business building in the Krasnoyarsk city. In 2012, the population of Krasnoyarsk had become over a million. If the city is constantly growing and evolving, the transport infrastructure is sorely lagging behind the pace of its development. Therefore, nowadays it is vital to pay attention at such spheres as public transport and road reconstruction.

The work of urban passenger transport depends on the feasibility of urban and socio-economic potential of the city.

Most cities in the world are faced with many transport problems; perhaps the most important of them is the problem of chronic traffic congestion. Transport problems, which exist in modern cities, mostly, damage the economy and reduce the mobility of the population. Jams lead to an increase of transportation costs. If do not start immediately to solve the existing problems, in the future situation on the city's roads will be complicated, thus it would reduce the stable functioning of the city and it would be inconvenient for the living. [1,47]

This article describes and analyzes the program goals and objectives pursued by the Government of the Krasnoyarsk Krai, Road Administration of the Krasnoyarsk krai and the Department of Municipal Economy until 2020 to improve the comfort and safety of passengers.

In Krasnoyarsk, public passenger transport provides 85% of employment and household trips in urban and suburban traffic and it is an important part of urban infrastructure.

Moreover, in Krasnoyarsk, the most widespread type of passenger transport is the bus, whose share of all traffic is 89%; the rest of the volume of passenger traffic carries electric transport about 11%.

The share of electric vehicles in the Krasnoyarsk city has been constantly declining, for instance, in 1999 the volume of traffic was 28% and in 2011 fell to 11%. [2,2]

Due to the fact that the urban transport public in Krasnoyarsk plays an important role for the residents, it is necessary to consistently produce the modernization of the existing transport infrastructure and to look for other solutions to main problems. In Krasnoyarsk, from year to year the urgent transport problems is constantly reinforced. Experts see solution to the problem in the construction of a fourth bridge over the Yenisei. Nevertheless, it is impossible to solve problems by using only one or two projects. We need a system of measures consisting of a number of important components, such as the construction of new roads, the repair of old roads, the development of electric transport, to introduce new technologies and to seek alternative solutions to problems.

Let us consider some of the projects for the city of Krasnoyarsk, which will help in solving transport problems and increase the comfort and safety of passengers.

Repair of roads - is one of the main factors determining the safety and comfort of passenger transport. The recent increase in consumer dissatisfaction with the current state of the roads, so we need to pay attention at this factor. According to official data, the total length of roads in Krasnoyarsk is 1053 km., from them, roads with asphalt and concrete covering 837.1 km (79.5%). At the same time, Krasnoyarsk is one of the leaders among the major Russian cities in motorization. By estimations of experts, the average depreciation of roads in the city is about 81%. [3]

In recent years, the city's government is paying attention to this issue with a great significance; it is under constant monitor and analysis of the state of the road network. After the operational analysis of the encountered problem, service is immediately producing timely repair or reconstruction of the roadway road. Scope of the problem is huge, but funding is limited and it does not allow fulfill all the work to the fullest.

According to the long-term target, program "Roads of Krasnoyarsk in 2012-2016." in 2014 has been allocated:

•On the repair and overhaul of roads approximately 3 billion rubles (The works will be conducted in 83 sites and will be commissioned 306 km of roads);

•For repair and overhaul of artificial structures allocated about 417 million rubles. (The works will be carried out on 41 objects). [4]

To the solution to this problem comes sufficient funds, but still the state of urban roads is not satisfactory. Hence, it is important to manage the quality of roads and highways, and especially the timing of their implementation.

One of the solutions to current traffic problems in the city could be a **circular railroad.** According to its construction, there are different points of view, and still, there is no clear solution. Construction of the circular railway is an expensive project, but it has many advantages. It will solve the traffic problems in the Krasnoyarsk city, and the main thing is that it will reduce the traffic on the city roads.

The first phase of this project has already been launched. In the early 2012, it launched the Krasnoyarsk Railway intercity train route Bazaikha - Krasnoyarsk - Bugach. Currently the route is functioning mainly in the morning and evening at an interval of movement of 15 to 30 minutes. In the future, this route will continue to grow and eventually it will form a circular railway. Developed circular railway route consists of the stations: station Bugach – Krasnoyarsk – East Station – Railway station – the station Krasnoyarsk and in the opposite direction.

In implementing the project of construction of circular railway faced with problems. Moreover, the main problem in addition to the funding - is that some platforms will be located away from residential areas. The optimal solution to this problem is to change the part of the bus routes. The circular railway will help to reduce traffic load on the roads of the city. The construction of a fourth bridge over the Yenisei River is the largest and most important event for the city of Krasnoyarsk in recent years. In October 27, 2011, in Krasnoyarsk officially started the construction of the 4th road bridge across the Yenisei River.

By creating additional transport crossing can reduce vehicle mileage and reduce the cost of users of the road network. The importance of this project is to decrease traffic and reduce traffic congestion.

The bridge is a construction with length of approximately 1,200 meters, it has five lanes. Estimated cost of the project is about 18 billion rubles; the construction of the bridge will cost 9 billion rubles.

By this project, expected radical changes for the better in the transport situation of the city, namely the decrease in traffic and congestions on the roads, regulation of transport links between the right and left banks, improvement of the ecological situation in the city, which has arisen because of the gas concentration, reducing the number of accidents on the roads.

It must be emphasized that improving the efficiency of public transport and the entire road transport industry contributes quite active introduction and use of **information systems and technologies.** This is in no small measure contributes to the realization of the federal target program "Global Navigation System".

Without innovations and modern technologies, it is impossible to continue the development of the transportation industry. Scientific developments in the transport sector is primarily intended to meet the passengers.

Developments in the area of automated control systems in many developed countries and in Russia today are the most relevant. In Krasnoyarsk, the improvement of supervisory control is conducted by land passenger transport; this involves the integration of information system "Electronic map of the city" with automated navigation system of dispatching management of passenger transport. This will allow residents of the city at any time to find out the necessary information about the route network of the city, about the current schedule of passenger transport. [2,8]

Installation of security systems in the salons of passenger rolling stock of public transport (video observation, panic buttons, etc.), allows the driver to monitor the implementation of traffic rules and landing of passengers.

Another important aspect that needs attention is to ensure **the availability of public transport.** In order to implement the state program "Accessible Environment" in the formation of applications for subsidies provided for the purchase buses and trolley buses with low-floor implementation, as well as equipped with special devices for the transportation of persons with disabilities. These measures will increase the level of accessibility of public transport for people with limited mobility.

Conclusions:

Decisions of the existing transport problems in the Krasnoyarsk city is a long process that will require much effort from the side of many members of the urban and road construction. There are numerous ways to solve traffic problems in Krasnoyarsk. For the city, it is important to have a well thought-out and a clear program of implementation of all these events.

With the realization of the above measures, it will create favorable conditions for solving traffic problems which has a positive impact on the economy, road traffic conditions, and environmental conditions and to the health of citizens. [5]

References:

1. Vukan R. Vuchic /Transportation for Livable Cities/ The territory of the future/2011. – 576.

2. The concept of development of passenger transport in Krasnoyarsk on 2011 - 2015 with prospect till 2020.

3. Official site of administration of Krasnoyarsk /http://www.admkrsk.ru

4. Long-term target program "Roads of Krasnoyarie for 2012-16". The official website of the Department of roads in the Krasnoyarsk territory/ http://krudor.ru

5. The resolution of the Government of the Russian Federation from March, 17th, 2011 N 175 "About the state program of the Russian Federation "Accessible environment" for 2011-2015"

Фомченкова Л.В.
д.э.н., доцент филиала ФГБОУ ВО «НИУ МЭИ» в г. Смоленске
Борисова Л.Р.
студент филиала ФГБОУ ВО «НИУ МЭИ» в г. Смоленске
Дымников Е.Ю.
студент филиала ФГБОУ ВО «НИУ МЭИ» в г. Смоленске

ФОРМИРОВАНИЕ КОНКУРЕНТНЫХ ПРЕИМУЩЕСТВ ОРГАНИЗАЦИИ НА ОСНОВЕ ПРИНЦИПОВ ЛОГИСТИКИ

Конкурентоспособность является одной из главных стратегических целей современных организаций, которая достигается посредством формирования и реализации конкурентных преимуществ. В современной теории стратегического менеджмента под конкурентным преимуществом понимают систему эксклюзивных характеристик, имеющихся у организации и обеспечивающих ей превосходство над конкурентами [1, 58]. К таким характеристикам относят стратегические активы (товарные знаки, патенты, бренд), свойства товаров/услуг (потребительские, социальные, экономические, экологические), организационную структуру, бизнес-модель и т.д. Чем больше количество конкурентных преимуществ, тем выше конкурентоспособность организации и перспективность развития. Однако с течением времени источники конкурентных преимуществ могут исчезать, организационные компетенции копироваться конкурентами, в результате уровень конкурентоспособности в долгосрочной перспективе начнет снижаться. Следовательно, для поддержания и развития конкурентных преимуществ организации необходимо осуществлять поиск новых и трудно копируемых источников их формирования.

В настоящее время широкое применение в управлении организациями получили методы и инструменты логистики, которые достаточно давно используются за рубежом, однако в России их реализация затруднена в силу недостаточно сформированной организационной и информационной инфраструктуры логистики. Общими принципами логистики, обеспечивающими эффективность деятельности организации, являются системность, оптимальность, интеграция, гибкость, надежность и иерархичность [2, 72]. Данные принципы часто используются в управлении бизнес-процессами и операциями, однако в стратегическом менеджменте они до сих пор не нашли широкого применения.

Реализация принципов логистики в управлении конкурентоспособностью организации позволяет обеспечить существенное сокращение времени между покупкой сырья и поставкой готовой продукции конечному потребителю, сокращение уровня материальных запасов, повышение уровня сервиса и интеграции организаций в едином экономическом пространстве и т.д. Совокупность данных преимуществ обеспечивает повышение адаптивности организации, позволяет снижать коммерческий риск и максимально повышать ее конкурентоспособность и эффективность использования ресурсов.

В ходе исследования было выявлено, что среди факторов логистики, обеспечивающих конкурентное преимущество организации, выделяются логистический сервис, гибкость логистических систем (ЛС), партнерство с поставщиками, реализация концепции Всеобщего управления качеством (TQM) (таблица 1).

Таблица 1 - Характеристика факторов логистики, обеспечивающих конкурентное преимущество организаций

Факторы логистики	Сущность	Преимущества
Логистический сервис	Система нематериальных логистических операций, обеспечивающих удовлетворение потребительского спроса в процессе управления материальными и сопутствующими потоками	- максимальное удовлетворение требований потребителя; - формирование положительного образа организации в глазах потребителей; - повышение узнаваемости организации
Гибкость ЛС	Оперативное реагирование ЛС на внешние и внутренние условия	- оперативный контроль над рисками и быстрая минимизация вероятности их возникновения; - повышение эффективности функционирования организации
Партнерство с поставщиками	Тип доверительных отношений между организацией и поставщиком на долгосрочной основе	- разработка новых технологий, программ (по снижению издержек на всех этапах ЖЦ продукта) и т.д.
Реализация концепции TQM	Подход к управлению организацией, посредством реализации постоянных улучшений деятельности	- непрерывное управление потоком по качеству; - повышение качества товаров/услуг, снижение логистических затрат, разработка новых продуктов и т.д.

Из данных таблицы 1 видно, что каждый фактор логистики позволяет организации выбрать и развивать как отдельное конкретное конкурентное преимущество, так и их совокупность. Выбор того или иного фактора основывается на стратегии организации и обеспечивает реализацию принципа логистической интеграции, суть которого заключается в достижении согласованности и интегрального участия каждого звена логистической системы или звена логистической структуры организации в процессе управления материальными и сопутствующими информационными, финансовыми и сервисными потоками. Для реализации данного принципа при формировании и реализации конкурентных преимуществ организации разработан алгоритм, представленный на рисунке 1.

Рисунок 1 - Алгоритм формирования конкурентного преимущества организации на основе принципов логистики

Отличительной особенностью предложенного алгоритма является его универсальность, заключающаяся в возможности проверки всех принципов логистики при формировании конкурентных преимуществ и выборе тех характеристик, которые необходимо сформировать и поддерживать для обеспечения успеха в конкурентной борьбе в рассматриваемой отрасли бизнеса. Это позволяет организации оперативно реагировать на изменения внешней и внутренней среды, эффективно достигать стратегических целей, обеспечивать ее конкурентоспособность в долгосрочной перспективе.

Литература

1. Томпсон А., Питереф М., Гэмбл Дж., Стрикленд А. Стратегический менеджмент: создание конкурентного преимущества. М.: ООО «И.Д. Вильямс», 2015. 592 с.
2. Дыбская В.В., Зайцев Е.И., Сергеев В.И., Стерлигова А.Н. Логистика. М.: Эксмо, 2008. 944 с.

Гаврилов А.В., Gavrilov A.V.

магистрант 2-го года обучения
направления подготовки магистров
«Экономика» ФГБОУ ВПО «МГУЛ»,
преподаватель Государственного бюджетного
профессионального образовательного учреждения
Московской области «Мытищинский колледж»,
Российская Федерация, г. Мытищи Московской области
Graduate student of the 2nd year of study
master's degree programs «Economy», Federal state budgetary educational
institution of higher professional education «Moscow state forest University»,
lecturer at the State budgetary educational institution of secondary professional
education «Mytishchi College»,
Russian Federation, Mytischi, Moscow region
E-mail: 97495@mail.ru

МЕТОДОЛОГИЧЕСКИЕ ПОДХОДЫ К ОЦЕНКЕ ВЕРОЯТНОСТИ БАНКРОТСТВА ОРГАНИЗАЦИЙ (METHODOLOGICAL APPROACHES TO ESTIMATING THE PROBABILITY BANKRUPTCY ORGANIZATIONS)

Все системы прогнозирования банкротства, разработанные зарубежными и российскими авторами, включают в себя несколько (от двух до семи) ключевых показателей, характеризующих финансовое состояние коммерческой организации. На их основе в большинстве из названных методик рассчитывается комплексный показатель вероятности банкротства с весовыми коэффициентами у индикаторов.

В зарубежной и российской экономической литературе предлагается несколько отличающихся методик и математических моделей диагностики вероятности наступления банкротства коммерческих организаций.

Известны два основных подхода к определению банкротства. Первый - количественный - базируется на финансовых данных и включает оперирование некоторыми коэффициентами, приобретающими все большую известность: Z-коэффициентом Альтмана (США), коэффициентом Таффлера (Великобритания), коэффициентом Бивера, моделью R-счета (Россия) и другими, а также используется при оценке таких показателей вероятности банкротства, как цена предприятия, коэффициент восстановления платежеспособности, коэффициент финансирования труднореализуемых активов. Второй - качественный - исходит из данных по обанкротившимся компаниям и сравнивает их с соответствующими данными исследуемой компании (А-счет Аргенти, метод Скоуна). Метод интегральной бальной оценки, используемый для обобщающей оценки финансовой устойчивости предприятия, несет в себе черты как количественного, так и качественного подхода. При сопоставлении методов на предмет целесообразности применения их в российских условиях, необходимо очертить круг проблем, связанных с рассмотренными методами прогнозирования банкротства:

– отсутствие информации о базе расчета весовых значений коэффициентов;
– отсутствие информации о базе расчета критериев оценки, получаемых при расчете модели результатов;
– отсутствие статистики банкротств;
– проблема достоверности информации и трудности ее получения.

Практически все банки обладают необходимой информацией по финансовому состоянию предприятий. Многие экономисты предлагают проводить оценку финансового состояния предприятия на базе интегрального коэффициента.

Перейдем к рассмотрению конкретных методик прогнозирования банкротства. Среди качественных методик уделим наибольшее внимание рассмотрению трех моделей Э. Альтмана.

Первая модель - двухфакторная - отличается простотой и возможностью ее применения в условиях ограниченного объема информации о предприятии, что как раз и имеет место в нашей стране. Но данная модель не обеспечивает высокую точность прогнозирования банкротства, так как учитывает влияние на финансовое состояние предприятия коэффициента покрытия и коэффициента финансовой зависимости и не учитывает влияния других важных показателей (рентабельности, отдачи активов, деловой активности предприятия). В связи с этим велика ошибка прогноза. Кроме того, про весовые значения коэффициентов и постоянную величину, фигурирующую в данной модели, известно лишь то, что они найдены эмпирическим путем. Так, двухфакторная модель была разработана Э. Альтманом на основе анализа финансового состояния 19 предприятий США, пятифакторная модель банкротства была построена им на основе изучения данных 66 фирм, половина из которых обанкротилась в 1946-1965 гг., что также несет в себе ошибки экстраполяции процессов, актуальных для 40-60-х гг., на современную действительность. В связи с этим они не соответствуют современной специфике экономической ситуации и организации бизнеса в России, в том числе отличающейся системе бухгалтерского учета и налогового законодательства и т. д.

Применение данной модели для российских условий было исследовано в работах М.А. Федотовой, которая считает, что весовые коэффициенты следует скорректировать применительно к местным условиям, и что точность прогноза двухфакторной модели увеличится, если добавить к ней третий показатель - рентабельность активов.

Однако новые весовые коэффициенты для отечественных предприятий ввиду отсутствия статистических данных по организациям - банкротам в России не были определены.

Следующая модель Альтмана - пятифакторная - также не лишена недостатков в плане применимости в России, тем не менее, на ее основе в нашей стране разработана и используется на практике компьютерная модель прогнозирования вероятности банкротства. Здесь по-прежнему ничего не известно о базе расчета весовых значений коэффициентов.

Отсутствие в России статистических материалов по организациям-банкротам не позволяет скорректировать методику исчисления весовых коэффициентов и пороговых значений с учетом российских экономических условий. Кроме того, в настоящий момент в Российской Федерации отсутствует информация о рыночной стоимости акций большинства предприятий, да и в условиях неразвитости вторичного рынка российских, ценных бумаг у большинства организаций данный показатель теряет свой смысл.

Экономист Ю.В. Адамов предлагает заменить рыночную стоимость акций на сумму уставного и добавочного капитала, так как увеличение стоимости активов предприятия приводит либо к увеличению его уставного капитала (увеличение номинала или дополнительный выпуск акций), либо к росту добавочного капитала (повышение курсовой стоимости акций в силу роста их надежности). Однако и такая коррекция не лишена недостатка, т. к. в этом случае не учитывается возможное колебание курса акций под влиянием внешних фак-торов и поведение инвесторов, которые могут расценить дополнительный выпуск акций как приближение их эмитента к банкротству и отказаться от их приобретения, снижая тем самым их рыночную стоимость.

Но многие экономисты также считают, что применение прочих коэффициентов в данной модели представляет большую проблему для российских предприятий. Таким образом, различия в специфике экономической ситуации и в организации бизнеса между Россией и развитыми рыночными экономиками оказывают влияние и на сам набор финансовых показателей, используемых в моделях зарубежных авторов.

Новые методики диагностики возможного банкротства, предназначенные для отечественных предприятий и, следовательно, лишенные по замыслу их авторов многих недостатков иностранных моделей, рассмотренных выше, были разработаны в Иркутской государственной экономической академии О.П. Зайцевой, Р.С. Сайфуллиным и Г.Г. Кадыковым. Однако и в этом случае не удалось искоренить все проблемы прогнозирования банкротства предприятий. В частности, определение весовых коэффициентов в модели О.П. Зайцевой яв-ляется не совсем обоснованным, так как весовые коэффициенты в этой модели были определены без учета поправки на относительную величину значений отдельных коэффициентов.

Так, нормативное значение показателя соотношения срочных обязательств и наиболее ликвидных активов равно семи, а нормативные значения коэффициента убыточности предприятия и коэффициента убыточности реализации продукции равны нулю. В связи с этим даже небольшие изменения первого из вышеназванных показателей приводят к колебаниям итогового значения, в десятки раз более сильным, чем изменение вышеназванных коэффициентов, хотя по замыслу автора этой модели они, наоборот, должны были иметь большее весовое значение по сравнению с соотношением срочных обязательств и наиболее ликвидных активов.

В другой попытке адаптации к российским условиям - в модели, разработанной Р.С. Сайфуллиным и Г.Г. Кадыковым, небольшое изменение коэффициента обеспеченности собственными средствами с 0,1 до 0,2 приводит к изменению итогового показателя («рейтингового числа») на: $R1 = (0,2 - 0,1) \times 2 = 0,2$ пункта. К такому же результату приводит и значи-тельное изменение коэффициента текущей ликвидности от нуля (от полной неликвидности) до двух, что характеризует высоколиквидные предприятия: $R2 = (2 - 0) \times 0,1 = 0,2$ пункта. Поэтому и в этой модели, и у О.П. Зайцевой значения весовых коэффициентов, по мнению А. Семеней, являются недостаточно обоснованными.

Также в качестве примера недостаточной обоснованности адаптированных методик можно отметить, что в некоторых из них используются показатели, отличающиеся высокой положительной или отрицательной корреляцией или функциональной зависимостью между собой. Это приводит к ненужному усложнению этих методик, не увеличивая точности прогнозирования.

К очевидным достоинствам модели R-счета можно отнести то, что механизм ее разработки и все основные этапы расчетов достаточно подробно описаны в источнике. Однако, по мнению А. Семеней, эта методика годится для прогнозирования кризисной ситуации, когда уже заметны очевидные ее признаки, а не заранее, еще до появления таковых.

Методика ФСФО РФ была принята еще в 1994 году. Первое, о чем необходимо сказать, - нормативные значения трех коэффициентов, по которым делается вывод о платеже-способности предприятия, завышены, что говорит о неадекватности критических значений показателей реальной ситуации. К примеру, нормативное значение коэффициента текущей ликвидности, равное 2, взято из мировой учетно-аналитической практики без учета реальной ситуации на отечественных предприятиях, когда большинство из них продолжает работать со значительным дефицитом собственных оборотных средств. Нормативное значение коэффициента текущей ликвидности едино для всех предприятий, а значит, не учтены отраслевые особенности экономических субъектов.

В мировой учетно-аналитической практике нормативные значения коэффициентов платежеспособности дифференцированы по отраслям и подотраслям. Существует такая практика не только в странах с традиционно рыночной экономикой, как, к примеру, в США, но и в республике Беларусь. Там коэффициент текущей ликвидности дифференцируется в пределах от 1,0 (сфера торговли и общественного питания) до 1,7 (промышленность). Представляется, что использование подобной практики в России могло бы дать положительный результат. Отечественная практика расчетов указанных показателей по причине отсутствия их отраслевой дифференциации и дальнейшее их использование не позволяют выделить из множества предприятий те, которым реально грозит процедура банкротства.

Учеными Казанского государственного технологического университета была разработана методика, в которой предпринята попытка корректировки существующих методик предсказания банкротства с учетом специфики отраслей. Её авторы предлагают деление всех предприятий по классам кредитоспособности. Расчет класса кредитоспособности связан с классификацией оборотных активов по степени их ликвидности.

Особенности формирования оборотных средств в нашей стране не позволяют прямо использовать критериальные уровни коэффициентов платежеспособности (ликвидности и финансовой устойчивости), применяемых в мировой практике. Поэтому, создание шкалы критериальных уровней может опираться лишь на средние величины соответствующих коэффициентов, рассчитанные на основе фактических данных однородных предприятий (одной отрасли). Распределение предприятий по классам кредитоспособности происходит на следующих основаниях:

- к первому классу кредитоспособности относят фирмы, имеющие хорошее финансовое состояние (финансовые показатели выше среднеотраслевых, с минимальным риском не-возврата кредита);
- ко второму - предприятия с удовлетворительным финансовым состоянием (с показателями на уровне среднеотраслевых, с нормальным риском невозврата кредита);
- к третьему - компании с неудовлетворительным финансовым состоянием, имеющие показатели на уровне ниже среднеотраслевых, с повышенным риском непогашения кредита.

Поскольку, с одной стороны, для предприятий разных отраслей применяются различные показатели ликвидности, а с другой, специфика отраслей предполагает использование для каждой из них своих критериальных уровней даже по одинаковым показателям, учеными Казанского государственного технологического университета были рассчитаны критериальные значения показателей отдельно для каждой из таких отраслей, как:

– промышленность (машиностроение);
– торговля (оптовая и розничная);
– строительство и проектные организации;
– наука (научное обслуживание).

В случае диверсификации деятельности предприятие отнесено к той группе, деятельность в которой занимает наибольший удельный вес.

Альтернативным методом прогнозирования банкротства является субъективный анализ, предполагающий экспертную оценку риска предприятия на основе разработанных стандартов. Это так называемый метод балльной оценки или метод А-счета (показатель Аргенти). Недостатком данного метода является субъективность оценки.

В Великобритании разработаны рекомендации Комитета по обобщению практики аудирования, которые содержат перечень показателей для оценки банкротства предприятия: повторяющиеся убытки от основной производственной деятельности; превышение критического уровня просроченной кредиторской задолженности; чрезмерное использование краткосрочных заемных средств в качестве источника финансирования долгосрочных капиталовложений; хроническая нехватка оборотных средств; устойчиво увеличивающаяся (сверх безопасного предела) доля заемных средств в общей сумме источников средств; устойчиво низкие значения коэффициентов ликвидности; реинвестиционная политика и др.

К достоинствам этой методики можно отнести системность, комплексный подход к пониманию финансового состояния предприятия. Трудности в использовании этих рекомендаций заключаются в многокритериальности используемых параметров, субъективности принимаемых решений, необходимости составления экономического баланса помимо бухгалтерской отчетности.

Отечественные экономисты А.И. Ковалев, В.П. Привалов предлагают следующий перечень неформализованных критериев для прогнозирования банкротства предприятия:

– неудовлетворительная структура имущества, в первую очередь активов;
– замедление оборачиваемости средств предприятия;
– сокращение периода погашения кредиторской задолженности при замедлении оборачиваемости текущих активов;
– тенденция к вытеснению в составе обязательств дешевых заемных средств дорого-стоящими и их неэффективное размещение в активе;
– наличие просроченной кредиторской задолженности и увеличение ее удельного веса в составе обязательств предприятия;

– значительные суммы дебиторской задолженности, относимые на убытки;
– тенденция опережающего роста наиболее срочных обязательств в сравнении с изменением высоколиквидных активов;
– устойчивое падение значений коэффициентов ликвидности;
– нерациональная структура привлечения и размещения средств, формирование долгосрочных активов за счет краткосрочных источников средств;
– убытки, отражаемые в бухгалтерском балансе;
  - состояние бухгалтерского учета на предприятии.

Решение проблемы методического обеспечения прогнозирования банкротства предлагает А.О. Недосекин, соискатель ученой степени доктора экономических наук при СПГУЭ-иФ, победитель конкурса грантов Международного научного фонда экономических исследо-ваний. Данный подход гораздо более трудоемок по сравнению с прочими методами прогнозирования банкротства предприятий, т.к. учитывает очень много показателей:

– отраслевую дифференциацию;
– включает в себя комплексный анализ сразу нескольких независимых показателей финансового состояния предприятия;
– сглаживает временной, а следовательно, и инфляционный фактор при оценке пара-метров, по которым проводится исследование;
– исключает некорректное применение классической вероятности при распознавании сложившейся на предприятии ситуации.

Конечно, получение прогноза будущего состояния предприятия, возможности наступления (или ненаступления) его банкротства является целью исследователя. Но для руководства предприятия эта цель промежуточная, поскольку для него важнее не спрогнозировать возможное приближение негативных событий, а избежать их. Этого можно добиться при помощи комплекса процедур, по-разному обозначаемого в разных источниках - «реформирование», «реструктуризация» и пр., подразумевающего, в первую очередь, изменение структуры предприятия - структуры его управления, структуры его производства, структуры его бизнеса. Этот инструмент оздоровления предприятия может быть эффективным для убыточных и низкорентабельных предприятий, может помочь вывести их из-за грани банкротства, и часто толчком к началу активного процесса реструктуризации как раз и служит утрата платежеспособности и угроза банкротства. Кроме того, этот инструмент оздоровления предприятия может быть эффективным для предприятий, еще не адаптировавшихся окончательно к рыночным условиям экономики.

Итак, любому предприятию во избежание кризисных ситуаций показан постоянный мониторинг его состояния с применением наиболее подходящих методик прогнозирования возможного банкротства.

СПИСОК ИСПОЛЬЗОВАННЫХ ИСТОЧНИКОВ

1. Гражданский кодекс Российской Федерации, часть первая от 30 ноября 1994 года № 51-ФЗ, часть вторая от 29 января 1996 года № 14-ФЗ. [Электронный ресурс]. - Режим доступа: http://zakon.it-navigator.ru/.

2. Об оценочной деятельности в Российской Федерации: Федеральный закон Российской Федерации от 29 июля 1998 года №135-ФЗ. [Электронный ресурс]. - Режим доступа: http://zakon.it-navigator.ru/.

3. Стандарты оценки, обязательные к применению субъектами оценочной деятельности: Постановление Правительства Российской Федерации от 6 июля 2001 №519. [Электронный ресурс].- Режим доступа: http://garant.ru.

4. Валдайцев В.С. Оценка бизнеса и инноваций: Учебное пособие для студентов и преподавателей. / В.С. Валдайцев. - М.: Филинъ, 2012. - 486 с.

5. Валдайцев В.С. Оценка бизнеса и управление стоимостью предприятия: Учебное пособие для вузов. / С.В. Валдайцев. -- GUMER-INFO, 2013. - 720 с. [Электронный ресурс]. - Режим доступа: http://www.gumer.info/.

6. Донцова Л.В. Анализ финансовой отчётности: учебник / Л.В. Донцова, Н.А. Никифорова. – 4-е изд., перераб. и доп. – М.: Издательство «Дело и Сервис», 2012. – 368с.

7. Оценка бизнеса: Учебно-методическое пособие. / Под редакцией А.Г. Грязновой, М.А. Федотовой. - М.: Финансы и статистика, 2011. - 511 с.

8. Шеремет А.Д., Сайфуллин Р.С. Методика финансового анализа. – М.: «ИНФРА-М», 2013.

Султанова А.Н. к.ф.н., РГЭУ (РИНХ)
Патякина Ю.В. студентка 2 курса РГЭУ(РИНХ)

ПРОБЛЕМЫ РАЗВИТИЯ ИНСТИТУТА ГОСУДАРСТВЕННО-ЧАСТНОГО ПАРТНЕРСТВА В РОССИИ

История развития государственно-частного партнерства начинается с начала 2004 года. В это время началось формирование нормативно-правовой базы, которая устанавливает правовые основы взаимоотношений частного бизнеса и государства. В 2005 году были приняты федеральный закон «О концессионных соглашениях» [1] и федеральный закон «Об особых экономических зонах в Российской Федерации».[2] Таким образом, был создан «правовой коридор», в рамках которого возникают определенные обязанности частных инвесторов и государства. В 2015 году был принят Федеральный закон «О государственно-частном партнерстве, муниципально-частном партнерстве в Российской Федерации и внесении изменений в отдельные законодательные акты Российской Федерации». [3] Помимо нормативно-правовых актов, непосредственно определяющих порядок взаимодействия государства и частных структур, те или иные аспекты функционирования ГЧП определяются другими законами, среди которых основное место занимает Конституция РФ; Гражданский кодекс; законы субъектов РФ о государственно-частном партнерстве. Государство заинтересовано в развитии механизмов ГЧП, так как реализация данных проектов служит достижению следующих задач:

- повышению имущественного и финансового потенциала системы обеспечения устойчивого экономического роста;
- обеспечению конкуренции.

Осуществление проектов ГЧП нацелено на помощь регионам, муниципалитетам, которые имеют возможность использовать финансирование для реализации целей, направленных на благо общества. Однако необходимым условием для того, чтобы можно было говорить не просто о реализации проекта как отчета о потраченных государственных средствах, но и продуктивном использовании этих средств, является формирование благоприятной организационной среды. [4, с. 120-125] Важную роль в функционировании государственно-частного партнерства занимает инвестиционный фонд РФ, особые экономические зоны, федеральные целевые программы. Каждый из этих инструментов призван привлекать частный бизнес.

Проблема развития государственно-частного партнерства в том, что, не будучи новым направлением, оно нуждается в дальнейшем совершенствовании как на региональном, так и на федеральном уровне. В настоящий момент не совсем понятно, как будут дальше развиваться инструменты и институты ГЧП, так как в условиях кризиса многие российские компании свертывают свои инвестиционные проекты. Около 20 % в проекты ГЧП вкладывают частные лица (предприниматели), остальные 80 % - финансовые организации, которые приходят только тогда, когда понимают, что существует контракт ГЧП с четкими целями и задачами, возможностью просчета возможных рисков.[5] Создание комфортных условий для инвесторов в регионе является главной задачей, которую должны решать представители власти, так как инвестиционная активность – это один из решающих факторов как инновационного развития и успешной модернизации экономики региона и страны в целом. Вопрос о том, где найти инвесторов сегодня является одним из самых сложных.

Для деятельности и сотрудничества в области ГЧП необходимо обладать определенными знаниями. Хорошо информированного частного бизнеса очень мало и это является одной из проблем для развития ГЧП в России. Не хватает квалифицированного частного бизнеса, способного относиться к ГЧП, как к долгосрочному стабильно развивающемуся проекту. Чтобы решить эту проблему, необходимо выполнить два условия. Во-первых, увеличить количество инвестиционных проектов ГЧП. Во-вторых, привлекать квалифицированный средний бизнес, базирующийся на опыте и знаниях.

Взаимодействие государственных и муниципальных органов власти с частными бизнес-структурами в настоящее время становится приоритетной основой для образования устойчивых темпов роста и развития экономики регионов страны. В отличии от зарубежных стран, где ГЧП уже установилось в качестве формы реализации предоставления различных видов услуг, в России государственно-частное партнерство все еще находится на стадии становления и развития соответствующих инструментов.

Литература

1. Федеральный закон «О концессионных соглашениях» от 21 июля 2005 года № 115-ФЗ //СПС «Консультант Плюс»

2. Федеральный закон «Об особых экономических зонах в Российской Федерации» от 22 июля 2005 года № 116-ФЗ//СПС «Консультант Плюс».

3. Федеральный закон «О государственно-частном партнерстве, муниципально-частном партнерстве в Российской Федерации и внесении изменений в отдельные законодательные акты Российской Федерации» от 13.07.2015 N 224-ФЗ //Российская газета. N 156, 17.07.2015.

4. Болехов И.Е. Государственно-частное партнерство как признак инновационной экономики //Креативная экономика. – 2014. – № 9 (69).

5. Варнавский В.Г., Клименко А.В., Королев В.А. и др. Государственно-частное партнерство: теория и практика: учебное пособие. - М.: Изд. дом Гос. ун-та – Высшей школы экономики, 2012. – 287 с.

Турко Л.В. магистрант 1 курса ФГОУ ВО РГЭУ «РИНХ» кафедры «Анализ хозяйственной деятельности»

АНАЛИТИЧЕСКИЙ ОБЗОР ТРАНСПОРТНОЙ СИСТЕМЫ РФ: ДИНАМИКА, СТРУКТУРА И ПЕРСПЕКТИВЫ РАЗВИТИЯ

Транспортная отрасль России является крупной и значимой отраслью, включающей в себя различные виды транспорта, а именно железнодорожный, автомобильный, водный, воздушный и трубопроводный. Перечисленные виды транспорта обладают своими функциями в рамках транспортной системы страны, исходя из технико-экономических, географических, исторических особенностей развития провозной системы грузов и пассажиров.

Транспортная отрасль России включает 122 тыс. км магистральных железнодорожных путей, 728 тыс. км автомобильных дорог с твердым покрытием, 101 тыс. км внутренних водных судоходных путей, 242 тыс. км магистральных трубопроводов.

Железные дороги являются важнейшей составляющей транспортного комплекса. Их протяженность равна 7% всех железных дорог мира, они обеспечивают 35% мирового грузооборота и 15 % пассажирооборота, произведенного железнодорожниками в мире. Уровень интенсивности перевозок грузов по железным дорогам РФ в 4 раза выше, чем в США, в 10 раз, чем Германии и во Франции.

Автомобильный транспорт - динамично развивающийся вид транспортной системы. Отличается высокой маневренностью и обеспечивает внутрирайонные и межрайонные перевозки грузов и пассажиров. Общая протяженность дорог в РФ составляет 927,0 тыс. км. Однако, более 1/3 дорог приходится на гравийное, щебеночное или булыжное покрытие, которое отличается низким качеством, и как следствие требует их частого ремонта. 34 % населенных пунктов не имеет связи с дорогами общего пользования, что негативно отражается на развитии сельского хозяйства при вывозе сельскохозяйственной продукции.

Водный транспорт является составной частью транспортной отрасли. Он подразделяется на морской и речной флоты. Морской транспорт, в свою очередь подразделяется на торговый флот и траулерный, или промысловый.

Морской транспорт имеет большое значение в транспортной системе России: он занимает четвертое месте по грузообороту после железнодорожного, автомобильного и трубопроводного. С помощью этого вида транспорта, чаще всего перевозят экспортно-импортные грузы.

Одним из основных видов пассажирского транспорта является воздушный транспорт. В его общей работе перевозки пассажиров составляют 4/5, а грузов и почты - 1/5. Использование воздушного транспорта на средние и особенно большие расстояния дает существенный временной. Воздушный транспорт занимает третье место по объему пассажирских перевозок. На расстоянии свыше 1000 км в пассажирских перевозках преобладает именно этот вид транспорта.

Трубопроводный транспорт - осуществляет перемещение по трубам жидких, газообразных или сухих рассыпчатых грузов на дальние, средние и близкие расстояния при помощи специальных устройств (насосов, компрессоров и т.д. Это относительно молодой, но динамично развивающийся вид транспорта, быстрое развитие которого в России началось лишь в конце 50-х гг. 20 века.

В РФ транспорт является одной из базовых отраслей хозяйства, важнейшей составляющей производственной и социальной инфраструктуры.

Транспортные коммуникации объединяют все районы страны, что необходимо для территориальной целостности и единства экономического пространства. Они связывают страну с мировым сообществом, являясь материальной основой обеспечения внешнеэкономических связей.

В настоящее время в транспортном комплексе России занято около 4 млн. человек, на него приходится свыше 1/10 всех основных фондов экономики страны и валового внутреннего продукта. На транспорт выпадает, чуть ли не 1/3 услуг, оказываемых населению. В таблице 1 приведены данные по грузообороту транспорта в Российской Федерации за ряд лет.

ГРУЗООБОРОТ ПО ВИДАМ ТРАНСПОРТА
(миллиардов тонно-километров)

	1990	2000	2005	2010	2011	2012	2013	2014	2015	2016 На январь
Транспорт - всего	6122	3638	4676	4752	4915	5056	5084	5077	5090,5	428,3
в том числе:										
Железнодорожн.	2523	1373	1858	2011	2128	2222	2196	2298	2306	182,9
автомобильный	299	153	194	199	223	249	250	246,7	232,1	14,3
трубопроводный	2575	1916	2474	2382	2422	2453	2513	2423	2444	224,7
морской[1]	508	122	60	100	78	45	40	31,5	39,8	4,2
внутренний водный[2]	214	71	87	54	59	81	80	72,2	62,6	1,8
воздушный	2,6	2,5	2,8	4,7	5,0	5,1	5,3	5,2	5,4	0,4

По итогам 2015 года грузооборот составил 5089 трлн. т-км, что на 0,2% больше, чем за предыдущий год. За отчетный период грузооборот железнодорожного транспорта вырос на 0,2% и составил 2306 трлн. т-км, автомобильный грузооборот снизился на 5,9%, до 232,1 млрд. т-км, а трубопроводный увеличился на на 0,9%, до 2,444 трлн. т-км. Грузооборот морского транспорта увеличился на 24,1%, до 39,8 млрд. т-км, внутреннего водного- упал на 13,5%, до 62,6 млрд. т-км, воздушного -вырос на 5,6% и составил 5,4 млрд. т-км.

Структура грузооборота по видам транспорта выглядит так:	Без учёта трубопроводного транспорта структура грузооборота будет выглядеть так:

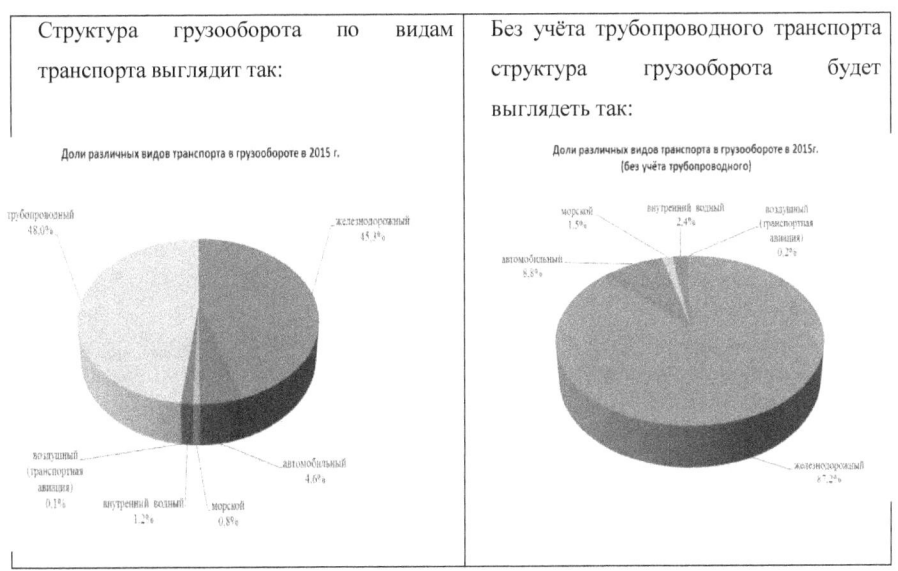

Министерство транспорта РФ разработало транспортную стратегию на период до 2030года, которая предполагает два варианта развития транспортной системы РФ (базовый и инновационный), основным из которых является базовый вариант. В таблице 2 приведены данные из транспортной стратегии РФ на период до 2030 года:

Прогноз перевозок грузов и грузооборота по базовому (консервативному) варианту развития транспортной системы РФ до2030г									
	2007	2010	2011	2012	2015	2018	2020	2024	2030
Перевозки грузов - всего, млн.т	12164,1	9960,9	10544,1	10682,0	11973,3	13083,6	13880,6	15199,7	17148,2
из них транспорт общего пользования	2169,9	1950,6	2076,3	1977,1	2124,7	2270,1	2384,6	2526,5	2746,6
в том числе по видам транспорта:									
автомобильный	6861,4	5236,4	5663,1	5829,3	6663,3	7306,5	7769,4	8446,1	9568,7
из них общего пользования	642,8	498,3	533,4	542,6	571,8	598,5	628,8	675,0	741,8
железнодорожный общего пользования	1345	1312	1382	1271,9	1380,0	1484,4	1558,3	1632,6	1750,6
железнодорожный промышленный	3775,6	3272,2	3338,1	3418,2	3757,1	4105,4	4355,5	4902,1	5574,7
морской *	28	37	33,9	30	28,1	30,1	31,6	34,6	40,2
внутренний водный	153,4	102,4	126	131,6	143,7	155,9	164,5	182,8	212,2
воздушный	0,73	0,93	0,98	0,997	1,14	1,26	1,34	1,52	1,83
Грузооборот - всего, млрд. т.км	2482,8	2477,7	2589,4	2702,3	2880,4	3120,7	3293,2	3493,5	3822,2
из них транспорт общего пользования	2307,2	2241,5	2352,9	2442,7	2600,6	2803,7	2952,0	3119,1	3384,8
в том числе по видам транспорта:									

автомобильный	205,9	199,3	222,8	247,1	264,9	301,6	328,8	360,7	411,5
из них общего пользования	62,5	71,2	84,2	89,7	97,1	108,4	120,0	136,5	161,4
железнодорожный общего пользования	2090,3	2011,3	2127,2	2222,0	2357,2	2545,9	2680,0	2811,0	3020,6
железнодорожный промышленный	32,2	108,1	97,9	102,2	112,0	123,8	132,4	150,2	187,2
морской *	65,0	100,3	77,5	62,5	72,0	68,1	65,6	74,4	88,2
внутренний водный	86,0	54,0	59,0	63,4	68,6	74,9	79,4	89,2	104,9
воздушный	3,4	4,72	4,95	5,06	5,8	6,5	7,0	8,1	9,8

Базовый (консервативный) вариант предполагает ускоренное развитие транспортной инфраструктуры главным образом для транспортного обеспечения освоения новых месторождений полезных ископаемых и наращивания топливно-сырьевого экспорта, реализации конкурентного потенциала России в сфере транспорта и роста экспорта транспортных услуг.

Инновационный вариант предполагает ускоренное и сбалансированное развитие транспортного комплекса, которое наряду с достижением целей, предусматриваемых при реализации базового (консервативного) варианта, позволит обеспечить транспортные условия для развития инновационной составляющей экономики.

Необходимо отметить проблемы, с которыми сталкивается транспортная система страны. Одной из наиболее существенных является проблема диспропорций между темпами и масштабами развития всех видов транспорта. Наиболее ярким примером служит значительное отставание внутреннего водного транспорта и высокие темпы роста автомобилизации.

Далее идет проблема недостаточно развитой инфраструктуры транспортной сферы. Наиболее остро это проявляется в несоответствии уровня развития автомобильных дорог уровню автомобилизации и спросу на автомобильные перевозки, в наличии многочисленных «узких мест» на «стыках» отдельных видов транспорта.

И третья проблема– это территориальная неравномерность развития транспортной инфраструктуры. Наиболее существенны различия между Европейской частью России, с одной стороны, и регионами Сибири и Дальнего Востока- с другой. Так например, шесть субъектов Федерации не имеют железнодорожного сообщения с другими регионами страны.

В ближайшем будущем необходимо сформировать активную позицию государства по созданию условий для социально - экономического развития, в целях повышения качества транспортных услуг, снижения совокупных издержек общества, зависящих от транспорта, повышения конкурентоспособности отечественной транспортной системы. Транспорт должен рассматриваться, как самостоятельная точка роста экономики.

Список литературы:

1.   http://www.mintrans.ru/ - сайт Министерства транспорта РФ
2.   Транспортная стратегия РФ на период до 2030 года. Утверждена распоряжением Правительства РФ от 22 ноября 2008 года № 1734-р
3.   АТИ-Медиа Новости рынка автомобильных - электронный ресурс http://ati.su/Media/Default.aspx?HeadingID=1
4.   Сайт   Федеральной   службы   государственной   статистики   - http://www.gks.ru/
5.   Портал   для   специалистов   транспортной   отрасли   - http://www.rostransport.com/ - электронный ресурс

Вайнер А.С.
Новосибирский государственный университет экономики и
управления – «НИНХ», Новосибирск
anna_vainer@rambler.ru

ЛЕГЕНДАРНЫЙ ТРАМВАЙ – КАК ЭЛЕМЕНТ МАРКЕТИНГА ТЕРРИТОРИЙ

Маркетинг территорий – это маркетинг в интересах территории, ее внутренних субъектов, а также внешних субъектов, во внимании которых заинтересована территория [2]. Одной из задач маркетинга территорий является привлечение внимания, улучшение ее имиджа. Можно рассматривать маркетинг территорий с точки зрения трех уровней:
- маркетинг страны;
- маркетинг региона;
- маркетинг города.

Города играют ведущую роль в системе территориальных образований. Сегодня 47% населения земного шара проживает в городах. Города, прежде всего крупные, выступают лидерами муниципального, регионального и федерального развития.

Маркетинг города – это деятельность, предпринимаемая с целью создания, поддержания или изменения мнений, намерений, поведения субъектов, преимущественно внешних по отношению к данному городу.

Маркетинг города призван обеспечивать:
- притягательность, улучшение имиджа и престижа города;
- привлекательность сосредоточенных в городе материально-технических, финансовых, трудовых, организационных, социальных и других ресурсов;
- привлечение в город государственных и иных, внешних по отношению к городу, заказов;
- повышение притягательности вложения, реализации в городе внешних по отношению к нему ресурсов (инвестиций).

Рассмотрим уровень маркетинга города на примере г.Новосибирска и одного из видов его общественного транспорта, ставшего легендарным для жителей. И, хотя в современной литературе, посвященной маркетингу территорий не приводится аналогичных примеров элементов, составляющих маркетинговую среду, мы все-таки считаем, что данный пример отлично вписывается в маркетинговую составляющую имиджа г.Новосибирска.

Заметим, г.Новосибирск – крупнейший город Сибири, с населением более 1,5 млн человек, занимающий площадь 502 км^2, имеющий развитую транспортную сеть, в которую входит 11 трамвайных маршрутов и 129 трамваев [4]. Кроме трамвайных, в г.Новосибирске имеются троллейбусные, автобусные маршруты, а также маршрутные такси и линии метро. Однако, ни один из маршрутов не приносит городу такую популярность, как трамвайный маршрут №13.

Чем же так популярен этот маршрут? Его протяженность по городу составляет 12,3 км и состоит из 25 остановок, маршрут проходит через центр города и потому, является очень востребованным горожанами. Но, востребованность маршрута никак не влияет на интерес граждан, в отличие от количества сводок, в которых фигурируют трамваи маршрута №13. Естественно, данный интерес подогревается мистикой и суевериями, ассоциирующихся с самим числом 13. Считая данное число несчастливым, многие люди связывают происшествия на данном маршруте именно с его номером. Не смотря на этот, казалось бы, негативный факт, интерес к историям с данным трамвайным маршрутом не проходит среди новосибирцев уже несколько лет.

Известный сайт НГС (Независимый городской сайт Новосибирск), освещая новости и события городской жизни, регулярно сообщает о происшествиях с трамваями маршрута №13. За год (с мая 2015 по май 2016), по данным НГС [5], новости о трамваях данного маршрута публиковались 12 раз. При этом, подобные новости обрастают многочисленными комментариями горожан, что только подтверждает интерес общественности к Трамваю №13 и указывает на то, что он становится неким символом города.

К тому же, в городских интернет-источниках освещаются не только сводки происшествий, но и новости из «жизни» трамвая №13. Так, например, было проинформировано о появлении официального аккаунта Трамвая №13 в Твиттере 17.11.2015, в след за этим, легендарный трамвай «завел» еще один аккаунт в этой соцсети [6, 7]. Кроме того, своя оригинальная страничка есть у Трамвая №13 и в сети ВКонтакте, в которую входят более 880 участников [8].

Особый интерес к феномену известности Трамвая №13 проявляют не только обычные горожане, но и достаточно известные люди. Так, в декабре 2015 г. на онлай-конференции НГС, директор Новосибирского театра оперы и балета Владимир Кехман предложил сделать трамвай № 13 театральным [5]. Безусловно, такой факт лишь подтверждает причастность легендарного трамвая к общественной, а теперь уже и к культурной жизни г.Новосибирска, а значит, и к его имиджу.

Вообще, имидж города, как и имидж региона, понятие сложное, неподдающееся зрительному представлению. Имидж – объект нематериальный, он возникает лишь в сознании людей, и оценить его можно лишь по отношению, которое они будут проявлять к нему [3]. Нередко имидж территории складывается у людей при отсутствии достаточной информации и собственного опыта. В этом случае в основу образа ложатся массовые стереотипные представления (иногда –

заблуждения), факты, почерпнутые из средств массовой информации, литературных, кинематографических и других источников [1]. В нашем случае, как раз факты из средств массовой информации, отражающие происходящие с трамваем №13 происшествия, и формируют общественный интерес к этому трамваю.

На наш взгляд, необходимо использовать сформировавшуюся общественную популярность к Трамваю №13 в интересах города и его имиджа. В г.Новосибирске достаточно культурных и исторических достопримечательностей, много интересных и живописных мест. К общепризнанным достопримечательностям Новосибирска относят: Театр оперы и балета, Вокзал ж/д станции «Вокзал главный», Собор Александра Невского, Вознесенский Собор, Часовня Святого Николая, Новосибирский зоопарк, Центральный Сибирский ботанический сад, Стоквартирный дом, территория Городской набережной, Первомайский сквер, Новосибирский Планетарий, Академгородок, Бугринский мост и др. Однако, подобными достопримечательностями могут похвастаться и другие мегаполисы. Что же касается мистической известности Трамвая №13, то это пока что оригинальная черта, присущая только г.Новосибирску.

Список источников:

1. Важенина И.С., Важенин С.Г. Имидж, репутация и бренд территории // ЭКО. – 2013. - №8. – С.3-16.
2. Панкрухин А.П. Маркетинг: учебник для студентов, обучающихся по специальности «Маркетинг» - 6-е изд. – М.: «Омега-Л», 2009. – 656 с.
3. Резник Г.А., Зубрилина Е.А. Оценка механизмов формирования имиджа региона в Пензенской области // Маркетинг услуг.- 2015.- № 01 (41). - С.32-38.
4. http://novo-sibirsk.ru/ официальный сайт г.Новосибирска
5. http://news.ngs.ru/more/2323843/ независимый городской сайт г.Новосибирска
6. https://twitter.com/tramvay13 официальный аккаунт Трамвая №13 в Твиттере
7. https://twitter.com/tram13novosib аккаунт Трамвая №13 в Твиттере
8. https://vk.com/die13 страница группы Трамвая №13 ВКонтакте
9. http://sibkray.ru/news/1/877156/ статья о Трамвае №13

Shishkina E.A.
Ph.D. of Economic Sciences, assistant lecturer, Kazan Federal University
Shishkina J.A.
student, Kazan Federal University

TO A QUESTION OF FINANCIAL LITERACY

The public importance of questions of increase of financial literacy of the population hasn't gained distribution and recognition in Russia yet. Most of the citizens don't understand financial instruments and don't trust a financial system, knowing only numerous examples of losses of considerable money (freezing of accounts in Sberbank, default on August 17, 1998, crash of financial pyramids).

According to the National Agency of Financial Studies, today nearly half of Russians have no access to financial services and don't keep records of incomes and expenses, and more than 73% of the citizens have no savings. In recent years only 37% of citizens possessed the credits, and 62% don't know what the bank credits are. Obviously, the considerable part of the population, irrespective of the size of the income, makes the decision on management of own money, pension savings, family accumulation not on the basis of the analysis or consultations with experts, but with the advice of the friends, acquaintances or under the influence of advertizing of banking and other services, which is not always objective.

In the conditions of market economy, with its rises and crises, questions of personal financial security gain the vital value practically for everyone. The understanding of these realities by society creates prerequisites for increase of level of financial literacy of russian citizens and assumes the following:

acquiring of knowledge in the field of banking services, securities, insurance, provision of pensions, taxation, namely: knowledge of the categorial apparatus of financial and economic contents; system perception of a financial component of life in the conditions of market economy; possession of basic perception of market economy, institutes of the market; modern perception of business, firms;

obtaining basic skills of management of personal finance, investments of money and business, that is an earning and saving money in modern conditions: possession of skills of independent search of economic information; possession of elementary skills of use of different types of financial and economic instruments for the purpose of their effective use; possession of culture of economic thinking, possession of ability to perception of economic information;

formation of perception of risks of investment, enterprise risks, risks of fraud, that is, ways of their assessment, measures for their prevention.

Objects of increase of financial literacy of the population were approved at the highest state level. On May 8, 2008 at meeting in the Kremlin devoted to the formation of the international financial center in Russia, the President of

Russian Federation Dmitry Medvedev has declared: "It is necessary to continue the general work on improvement of financial literacy of our citizens, form the positive attitude to financial institutions and to those procedures which exist".

As it is noted in Strategy of development of the financial market of the Russian Federation for the period till 2020, approved by the Government of the Russian Federation in 2008 "participation of the citizens in the financial market is one of signs not only of increase of a standard of living in the country, but also an indicator of a certain maturity of the financial market".

In 2009 the Government of the Russian Federation has developed the Concept of the National program of increase of level of financial literacy of the population of the Russian Federation. In order to reach the objects of increasing the capacity and transparency of the Russian financial market, and also improvement of level of knowledge of citizens of opportunities of investment of savings in the financial market The Federal Financial Markets Service (FFMS) have accepted in 2009 the Main activities, directed to inrease the level of the financial literacy of the population.

For further stimulation of activity in this direction in March, 2011 between the Ministry of Finance of the Russian Federation and The International Bank for Reconstruction and Development (IBRD) the Agreement on a loan of 113 million dollars on implementation of the joint project "Assistance to Increase of Level of Financial Literacy of the Population and to Development of Financial Education in the Russian Federation" has been signed.

The Financial University, being one of the leading higher education institutions in the sphere of economic education, pays much attention to increasing of financial literacy of the population, including the younger generation of Russians.

In order to complete this object, and also within the Strategy of development of Financial University for 2010-2015 regarding work on programs of professional education "school-college-higher education institution", it is offered to develop and approve within the experimental platform organizational and methodical model of an economic profile in secondary general education and its educational-methodical and standard legal support in a format of the program "Formation of Economic Culture at Comprehensive School" on the basis "Financial University under the Government of the Russian Federation".

The object of increasing of the financial literacy, first of all youth as generation, which will define the future of the Russian economy and degree of civilization of the financial market, is so important and large-scale that its achievement is possible only as a result of close cooperation of the state with financial and commercial institutions, educational institutions, public organizations, each of which could make a certain contribution to the development of this process in the sphere of the competence.

Солоденко Т., Качур А.Н., Сетхалиев А.П., Медведев В.М.

К ВОПРОСУ О ПОНИМАНИИ СИТУАЦИИ, СВЯЗАННОЙ С БОРЬБОЙ С КОРРУПЦИЕЙ В РОССИИ НА СОВРЕМЕННОМ ЭТАПЕ

Одна из проблем любого государства это коррупция. Ее существование обычно признается и создается много способов по предотвращению, но реализуются из них лишь отдельные. Если проблемы психики у человека выявляют при изучении проблем его личности в детстве, то разобраться в проблемах коррупции современного государства возможно по аналогии, заглянув в историю. В 90 годах, когда распался СССР и образовалась молодая Россия, государство находилось на этапе настолько значительных преобразований в сфере государственного управления, что, во-первых, не оставалось времени на реализацию мер по борьбе с распространявшейся коррупцией. Тот период стал ее апогеем. Во-вторых, правоохранительные органы 90-х, по-сути, и не могли оказать противодействие коррупции, так как та развивалась не среди простых граждан, а в «номенклатурной верхушке», превращая ее в класс богатых и олигархов. Такая неписанная, но осознаваемая всеми задача коррупции, реализовалась, и теперь успехами «наших» в списке Forbes продолжаем гордиться, хотя понимаем, что данное достижение связано не только с выдающимися заслугами отдельных личностей, но соответствующей обстановкой в стране. Лозунг «чтоб у нас все было и нам за это ничего не было» стал актуальным для последних коррупционных десятилетий. Коррупция стала частью нашей привычной жизни и каждый стал сталкиваться с ней, постоянно переживая при этом чувство несправедливости. У молодежи она вызывает особый негатив и, даже, агрессивное в различных формах восприятие действительности [1, с. 165], например, проявляющееся в мыслях о том, что если человек честный, то ему не место в современном обществе, в случае происшествия его обязательно и необоснованно сделают виновным, ему не получить высокооплачиваемую работу и, предусмотренные законом, гарантии прав и социальную поддержку [2, 173-174].

Сегодня такая ситуация изменилась и народ поверил во власть государства, а не олигархов. Этому способствовало создание в 2003 году Совета по борьбе с коррупцией при Президенте Российской Федерации, в рамках которого стали действовать комиссия по борьбе с коррупцией, комиссия по служебной этике, комиссия по решению конфликта интересов. Решение целого ряда проблем, связанных с коррупцией, позволило повысить эффективность государственной деятельности по борьбе с терроризмом в стране и за ее пределами [3, 210-211], а также иными угрозами интересов государства и общества. Плодотворная деятельность в решении целого ряда социальных вопросов стала возможной благодаря борьбе с коррупцией в сфере налогообложения [4, 60].

В настоящее время в России борьба с коррупцией признана приоритетной, реально осуществляющейся в соответствии с нормами антикоррупционного законодательства. В системе антикоррупционного законодательства особо выделяется специальный закон - Федеральный закон от 25.12.2008 № 273-ФЗ «О противодействии коррупции», действующий в редакции от 15 февраля 2016 г. Именно в нем раскрываются понятие и сущность коррупции, то есть то, с чем необходимо бороться.

Российская Федерация признала негативные факты коррупции, по сути, преступлением международного характера и подписала 9 декабря 2003 г., а 8 марта 2006 г. ратифицировала Конвенцию ООН против коррупции и, таким образом, не стала борьбу с коррупцией ограничивать территорией одного государства. В выступлении на шестой сессии конференции государств-участников Конвенции ООН против коррупции, Сергей Иванов озвучил достижения России в борьбе с коррупцией, которые появились после проверки деклараций российских чиновников. По его данным, дисциплинарно были наказаны 4 тысячи человек, уволено – 272. Это, безусловно, серьезный удар по открытой части коррупционной составляющей российских чиновников. Однако, можно надеяться, что гарантии этих уволенных руководителей в нашем демократическом правовом государстве были соблюдены и они вновь трудоустроились, либо занялись достойным бизнесом, а, следовательно, ощутили на себе проблемы коррумпированного управления и стали активными, опытными в этой сфере, борцами с коррупцией.

Следует отметить, что Россия в последние годы добилась других знаковых побед над коррупцией. Так, если еще совсем недавно, на вышеупомянутой конференции, С. Иванов назвал строящийся в Амурской области космодромом «Восточный» вопиющим примером коррупции, то уже вчера можно было отметить победу - на этом космодроме стартовала первая ракета, чем гордились присутствовавшие при этом Президент РФ и вся страна, наблюдавшая запуск около космодрома или у телевизоров. По нашему мнению, подтверждением победы над коррупцией стали факты арестов бывших глав республик Коми Вячеслава Гайзера и губернатора Сахалинской области Александра Хорошавина. Очевидно, что всеми должностными лицами был получен положительный сигнал и доказательство, что «неприкасаемых» в России нет, всем следует продолжать деятельность только в рамках закона. Нельзя признать недостатком или «показухой» то, что подобные уголовные дела успешно расследуются, это лишь подтверждает компетентность наших правоохранительных органов и реальность вины коррупционеров [5, 120-121].

Таким образом, можно констатировать, что в настоящее время сложились все условия для процветания России как антикоррупционного государства, имеется необходимая правовая база, «верхи» и «низы» осознали необходимость и заинтересовались в итогах борьбы с коррупцией. Это состояние следует поддерживать в дальнейшем благодаря развитию антикоррупционной культуры в обществе и общественной поддержке мероприятий по борьбе с коррупцией, воспитанию общества в антикоррупционном духе [6, 432-433]. Патриотизм и любовь к Родине должны чаще проявляться не только у простого человека, но и у каждого должностного лица государства, муниципалитета, во всех новых законах, в том числе в нормах локального правотворчества [7, с. 136], что не позволит преступать закон и получать личную выгоду в ущерб государству, обществу и другим людям. Именно эти социально-правовые преобразования жизни государства и общества, преобразования в сознании каждого из его членов, помогут, практически, в полном объеме искоренить коррупцию в России в ближайшие годы.

Литература

1. Качур А.Н., Поддубная Н.В., Арнаутов Р.Ю. Об особенностях агрессивного поведения в социальной и правовой действительности // Эволюция современной науки: Сборник статей Международной научно-практической конференции: в 4-х частях. - Уфа, 2016. С. 164 - 166.
2. Качур А.Н., Швединская Г.И. Особенности правового регулирования гарантийных и компенсационных выплат в Российской Федерации / Теоретические и практические вопросы науки XXI века: Сборник статей Международной научно-практической конференции. -Уфа, 2015. С. 173 - 175.
3. Качур А.Н. О совершенствовании правовых основ системы противодействия терроризму / Новая наука: Теоретический и практический взгляд. - Уфа: Агентство международных исследований, 2016. № 4-3 (75). С. 209- 212.
4. Качур А.Н., Гнып С.В. Об эффективности налоговой системы России / Научные меридианы - 2016: Сборник материалов II Международной научно-практической конференции. - Краснодар: Академия знаний, 2016. С. 59-61.
5. Качур А.Н., Айвазян К.В. К вопросу о проблемах и направлениях эффективного расследования уголовных дел / Наука, образование и инновации: Сборник статей Международной научно-практической конференции. - Уфа, 2015. С. 120 -122.

6. Качур А.Н. О нравственности в правотворческой и правоприменительной деятельности / Приоритетные направления развития науки, техники и технологий международная научно-практическая конференция. - Кемерово: Кузбасский государственный технический университет им. Т.Ф. Горбачева, 2016. С. 431 - 434.

7. Качур А.Н., Яцышин Д.В., Качур И.А. К вопросу о локальном правовом регулировании труда // Инновационная наука. - 2015. - № 12-3. - С. 135-137.

Котлярова Т.П.
аспирант кафедры гражданского права и процесса
Юридической школы Дальневосточного федерального университета
Юрисконсульт Консультационной группы «Верно»
E-mail: 650632@mail.ru

СУДЕБНАЯ ПРАКТИКА В ДЕЯТЕЛЬНОСТИ ВЕРХОВНОГО СУДА РФ

Судебная практика – многогранное и многоаспектное понятие в теории права. Данный термин является одним из ключевых при обсуждении и исследовании таких значимых вопросов как деятельность судов, источники права, решение суда и других.

Вместе с тем, несмотря на значимость данного правового явления, в системе нормативно-правовых актов, действующих в Российской Федерации, термин «судебная практика» встречается не столь часто.

В соответствии со статьей 126 Конституции РФ и коррелирующим ей положением пункта 7 статьи 2 ФКЗ «О Верховном Суде Российской Федерации» Верховный Суд РФ в целях обеспечения единообразного применения законодательства Российской Федерации дает судам разъяснения по вопросам судебной практики на основе ее изучения и обобщения[1;2].

Однако ни вышеуказанный Федеральный конституционный закон, ни какой-либо иной нормативный акт не содержат определения данного понятия.

Ввиду указанного возникает закономерный вопрос о том, что подразумевается под судебной практикой, разъяснения и толкование применения которой формирует Верховный суд РФ в своих постановлениях, и чем в этом случае являются сами правовые позиции Верховного суда РФ.

В теории права существует множество определений судебной практики, существенно отличающихся друг от друга по своему содержанию и наполнению.

Нестерова Н.В. в частности определяет судебную практику как один из видов юридической практики в целом, которую отличает специальный субъект, занимающий особое место в правоприменительной деятельности, - суд [3,5].

По мнению Петруниной А.А. судебную практику составляют любые судебные акты как результат правоприменительной деятельности суда[4,45].

Новицкий И.Б. отстаивал взгляд на судебную практику как на устоявшуюся линию в деятельности судебных органов по разрешению однородных дел[5,125]. Следовательно, с его точки зрения, судебная практика – это не весь массив судебных постановлений, а лишь их наиболее значимая и существенная часть – правоположения, сформированные в процессе неоднократного, схожего по своему содержанию и результату правоприменения, осуществляемого судебными органами. Вместе с тем, несмотря на изложенное понимание данного правового явления, Новицкий И.Б не признавал нормативного характера судебной практики.

Таким образом, обобщив вышеприведенные определения, можно заключить, что судебная практика представляет собой, с одной стороны, вид судебной деятельности по применению правовых норм и осуществлению правосудия, а с другой – результат этой деятельности, выраженный в форме судебных актов, вступивших в законную силу.

Исходя из критерия персонифицированности и абстрактности изложения выводов суда, принято выделять текущую, прецедентную и «руководящую» практику[6,4].

Текущая судебная практика – это процесс правоприменения, осуществляемый судами, который представляет собой деятельность, а также результат деятельности судов различных уровней и инстанций, объективированный в принимаемых ими судебных решения, определениях, постановлениях. Текущая судебная практика характеризуется индивидуальным характером, однократностью применения и обязательностью только для участников конкретного судебного спора.

В свою очередь, так называемую прецедентную практику также отличает индивидуальность правоприменения. Прецедентная практика первоначально представляет собой итог рассмотрения определенного дела, однако в отличие от текущей является результатом деятельности только высших судов.

Вместе с тем, исходя из того, что при разрешении судебного спора высшие суды так или иначе сталкиваются с необходимостью толкования применяемой ими правовой нормы, такие судебные акты содержат официальные разъяснения данных судов по вопросам содержания и применения правовых норм.

В результате сформированные высшими судами при рассмотрении конкретных дел правовые позиции становятся вескими и обоснованными ориентирами как для судов нижестоящих инстанций, так и для участников судебного разбирательства.

Последующее применение разъяснений высших судов при рассмотрении схожих дел обуславливает возможность определения такой деятельности данных судов и ее результатов в качестве прецедентной судебной практики.

И третий вид судебной практики – «руководящая практика», как вид деятельности представляет собой изучение и анализ судебных решений (текущей судебной практики) по определенному спорному вопросу либо же формирование высшим судом судебной позиции о порядке применения правовой нормы, единообразная судебная практика в отношении которой еще не сформировалась.

Таким образом, в результате анализа статьи 2 ФКЗ «О Верховном Суде Российской Федерации» и рассмотрения ее содержания через призму вышеприведенной классификации можно заключить, что реализуя свои полномочия, Верховный Суд РФ исследует и обобщает текущую судебную практику, определяя и формулирую тем самым руководящую судебную практику.

Результатом деятельности Верховного Суда РФ по формированию руководящей судебной практики выступают постановления пленумов и обзоры судебной практики Верховного суда РФ, которые в последующем служат ориентирами для судов различных инстанций при применении норм, в отношении которых Верховный суд РФ сформулировал свою правовую позицию.

Литература:

1. Конституция Российской Федерации (с поправками от 21.07.2014г.) // Собрании законодательства РФ", 04.08.2014, N 31, ст. 4398.

2. Федеральный конституционный закон от 05.02.2014 N 3-ФКЗ «О Верховном Суде Российской Федерации» // "Собрание законодательства РФ", 10.02.2014, N 6, ст. 550.

3. Нестерова Н.В. О формах судебной практики // Актуальные проблемы права: материалы II междунар. науч. конф. – М.: Буки-Веди, 2013. С. 1-5.

4. Петрунина А.А. Судебная практика – важнейший регулятор общественных отношений // Администратор суда, № 2, 2015. С. 45-48.

5. Новицкий И.Б. Источники советского гражданского права // Госюриздат, 1959. 454 с.

6. Соловьев В.Ю. Судебная практика в российской правовой системе: Автореф. дис. канд. юрид. наук. М., 2003. 188 с.

Хребтова Т.П.
к.ю.н., доцент кафедры правового и таможенного регулирования на транспорте Московского автомобильно-дорожного государственного технического университета (МАДИ)

ФИЗИЧЕСКОЕ ЛИЦО
КАК СУБЪЕКТ ФИНАНСОВОГО ПРАВА

Понятие «человек» в смысле субъекта права широко употребляется в различных международных документах. Так, в статье 6 Всеобщей декларации прав человека, принятой Генеральной Асамблеей ООН 19 декабря 1948 г., [14, 3] записано, что «каждый человек, где бы он ни находился, имеет право на признание его правосубъектности». Человек – лицо общественное, он, как закреплено в Преамбуле Всеобщей декларации прав человека, член «человеческой семьи».

Человек – субъект множества прав и обязанностей, в том числе и финансовых. Однако, законодательство Российской Федерации, в том числе и финансовое законодательство, для обозначения человека как субъекта соответствующих прав и обязанностей употребляет другие понятия – «гражданин», «физическое лицо». Эти понятия характеризуют человека не как «члена человеческой семьи», а как лицо, состоящее в определенной правовой связи с государством. Понятия «физические лица», «граждане» охватывают всех людей как участников разнообразных правоотношений, возникающих на территории данной страны, иногда их называют и «индивидуальными субъектами» [11, 140].

Итак, в юриспруденции термины «физическое лицо», «гражданин», «индивидуальный субъект» рассматриваются как тождественные.

Понятие «физические лица», «граждане», введенное в научный и практический оборот, включает в себя граждан РФ, иностранных граждан, лиц без гражданства (апатриды), лица, имеющие двойное гражданство (бипатриды).

В международных соглашениях, а также в законодательстве многих стран понятие «граждане» не употребляется, а используется только понятие «физические лица», которое имеет более широкое содержание, поскольку охватывает всех людей как участников разнообразных правоотношений на территории данной страны (или стран).

Физическое лицо как участник любого правоотношения, в том числе и финансовых правоотношений, как отмечается в литературе, должен обладать рядом общественных и естественных признаков и свойств, которые определенным образом индивидуализируют его и влияют на его правовое положение. К таким признакам и свойствам относят: имя, место жительства, возраст, состояние здоровья, гражданство, род занятий, наличие дохода (заработка) или объекта налогообложения [11, 140; 4, 32].

Важным обстоятельством, которому закон придает особое значение при определении статуса «физического лица» является возраст. Так, закон определяет возраст, с достижения которого наступает совершеннолетие, а также частичная дееспособность несовершеннолетних граждан (статьи 21, 26, 28 ГК РФ). Согласно российскому законодательству полная дееспособность физических лиц наступает с 18-летнего возраста. Однако наступление дееспособности физического лица в отдельных отраслях российского права, в том числе и финансовом, предусмотрено по достижению им иного возраста.

К числу признаков, индивидуализирующих физическое лицо как участника правовых отношений, относится также состояние его здоровья. Прежде всего, закон учитывает психическое здоровье. Так, в соответствии с пунктом 1 статьи 29 ГК РФ гражданин, который вследствие психического расстройства не может понимать значение своих действий или руководить ими, может быть признан судом недееспособным. В этом случае гражданско-правовой статус такого гражданина существенно меняется. Законом учитывается также такое состояние здоровья гражданина, когда он в момент совершения сделки не был способен понимать значение своих действий или руководить ими.

Еще одним важным обстоятельством, характеризующим правовой статус физического лица как субъекта права, в частности субъекта финансового права, является гражданство. Гражданство означает официальную принадлежность человека к народу определенной страны, вследствие чего он находится в сфере юрисдикции данного государства и под его защитой. Гражданство – это устойчивая правовая связь человека с государством, для которой характерно наличие у них взаимных прав, обязанностей и ответственности [6, 143].

Отношения, связанные с гражданством, регулируются Федеральным законом от 31 мая 2002 г. № 62-ФЗ «О гражданстве Российской Федерации», который определяет, кто из лиц, находящихся на территории РФ, состоит в правовой связи с Российской Федерацией и пользуется ее защитой, в том числе определяет лиц, на которых распространяются нормы Налогового кодекса РФ и других нормативных правовых актов, когда они адресованы гражданам.

Законодательство определяет, в каких случаях субъектами финансового права Российской Федерации могут быть не только граждане России, но иностранцы, лица без гражданства (апатриды).

Для характеристики субъекта финансового права в юридической литературе используется термин «финансовый резидент», однако нормативно данное понятие не закреплено, хотя оно служит важным элементом для определения правового статуса участников соответствующих финансовых отношений.

Налоговое и валютное законодательства резидентами признают физические лица, фактически находящиеся на территории Российской Федерации не менее 183 дней в течение календарного года. Для налогообложения особенно важно определить правовой статус плательщика налога или сбора: относится он к резиденту или к нерезиденту. Принадлежность налогоплательщика к той или иной категории определяет его налоговую обязанность, порядок декларирования и уплаты им налога.

В литературе под правовым статусом, в том числе финансовым, понимается совокупность прав и свобод, обязанностей и ответственности личности, устанавливающих ее правовое положение в обществе [2, 587].

Правовой статус физического лица как участника финансовых правоотношений нередко зависит от их рода занятий. Среди физических лиц – субъектов финансового права своим особым статусом выделяют граждан, занимающихся индивидуальной предпринимательской деятельностью, в том числе главы крестьянского (фермерского) хозяйства, частные детективы, частные охранники и т.п. – индивидуальные предприниматели. Особенностью финансово-правового статуса этих субъектов является то, что осуществлять свою деятельность гражданин может только после государственной регистрации. Индивидуальный предприниматель не лишается признаков физического лица, но в отличие от других физических лиц, как отмечается в литературе, дополнительно обладает предпринимательской правосубъектностью, что по нашему мнению, выделяет его из общей группы субъектов права, именуемой «физические лица».

Трудно не согласиться с мнением ученых, которые считают, что важнейшей характеристикой субъекта права, в том числе и субъекта финансового права, является соответствующая правосубъектность (праводееспособность). Правосубъектность – суть правового статуса лица, организации [10, С. 96]. По мнению Н.С. Малеина, «быть субъектом права – значит обладать правосубъектностью, оба эти понятия отражают одно и то же качество индивида [12, 83]. Весьма значительная роль в разработке понятия правосубъектности принадлежит С.Н. Братусю [2, 25].

В юридической литературе встречаются понятия «правовой статус» и «правосубъектность», которые иногда понимают как синонимы. Однако между ними имеется различие. Правовой статус гражданина определяет набор прав, которыми гражданин обладает для вступления в возможное, гипотетическое правоотношение, а правосубъектность, как справедливо отмечает А.Б. Венгеров – это уже характеристика правомочий конкретного субъекта в конкретном правоотношении [3, 467].

Как отмечалось ранее, в современной научной литературе не выработано единого подхода, критерия к определению субъекта финансового права, хотя имеется большое количество определений субъекта финансового права, но многие из них, по нашему мнению, не содержат принципиальных отличий.

Если рассматривать этот вопрос ретроспективно, то следует отметить, что впервые понятие субъекта финансового права сформулировала Н.И. Химичева еще в 1979 году, предложив следующее определение: «Субъектами финансового права являются носители предусмотренных финансово-правовыми нормами субъективных прав и обязанностей в сфере финансовой деятельности государства» [25, 41]. Позднее Н.И. Химичева уточняет это определение субъекта финансового права, вводя в него такие понятия как: лицо, правосубъектность, участник финансового правоотношения и отмечает, что «субъект финансового права – это лицо, обладающее правосубъектностью, т.е. потенциально способное быть участником финансовых правоотношений, поскольку оно наделено необходимыми правами и обязанностями [23, 80].

По мнению Ю.А. Крохиной, субъектами финансового права являются лица (физические или юридические), государственно-территориальные образования и их органы, за которыми финансовым законодательством признано особое юридическое свойство (качество) правосубъектности, дающее возможность участвовать в различных финансовых правоотношениях [20, 96].

М.В. Карасева пишет: «Субъект финансового права обладает финансовой правосубъектностью и может благодаря этому участвовать в конкретном финансовом правоотношении» [19, 110].

Формирует свое понятие субъекта финансового права Н.Д Эриашвили, определяя как носителя правоотношений (*точнее сказать носителя прав и обязанностей – Т.Х.*), который непосредственно реализует предоставленные законом права и обязанности, иными словами обладает финансовой правосубъектностью [21, 22].

Субъект финансового права, по мнению С.О. Шохина - это лицо, обладающее правосубъектностью, т.е. потенциально способное быть участником финансовых правоотношений [22, 36].

Проанализировав высказанные в литературе точки зрения ученых о субъекте финансового права, нам представляется возможным дать собственное определение: субъект финансового права – это лицо, обладающее финансовой правосубъектностью, т.е. за которым государство признает способность иметь юридические права и нести юридические обязанности, предусмотренных финансовым правом, что позволяет ему участвовать в конкретном финансовом правоотношении.

При всем многообразии подходов к определению понятия субъекта финансового права, автор, предлагая собственное понятие, выделяет основной его юридический признак – наличие у него финансовой правосубъектности, т.е. признаваемой финансовым правом способности быть участником конкретных финансовых правоотношений. Субъекты финансового права имеют определенные юридические права, и несут определенные юридические обязанности, выполнение и соблюдение которых обеспечивает планомерное аккумулирование, распределение и использование государственных и муниципальных денежных фондов в публичных целях.

Следует согласиться с мнением М.В. Карасевой, считающей, что вопрос о правосубъектности в финансовом праве в настоящее время стоит очень остро. Это обусловлено бурным развитием финансового права и в особенности налогового права [19, 97].

Построение общества, базирующегося на рыночной экономике, объективно привело к расширению объема финансовой правосубъектности лиц, участвующих в экономическом обороте. Это означает увеличение юридических возможностей указанных лиц участвовать в общественных отношениях по планомерному аккумулированию, распределению, использованию государственных и муниципальных денежных фондов.

Рассматривая проблему субъекта финансового права, необходимо отметить, что вопросы правосубъектности в разных аспектах представляли интерес для многих исследователей правовой науки и, в первую очередь, ими проводилось разграничение между такими понятиями как общая и отраслевая правосубъектность [4, 22].

В теории права общая правосубъектность определяется как установленная в законе способность лица участвовать в правоотношениях, а отраслевая правосубъектность есть способность лица быть субъектом отношений, регулируемых той или иной отраслью права.

Выявление различий между субъектами отдельных отраслей права имеет большой теоретический и практический смысл. Разные категории субъектов права могут иметь неодинаковые по объему и содержанию правомочия и нести разные обязанности.

Финансовая правосубъектность является отраслевой правосубъектностью. Предпосылками и составными частями финансовой правосубъектности являются финансовая правоспособность и финансовая дееспособность субъектов финансового права, которые требуют более подробного изучения.

Как известно, понятия правоспособности и дееспособности были впервые выработаны наукой гражданского права и в дальнейшем заимствованы иными отраслевыми правовыми науками, в том числе и наукой финансового права.

Применительно к финансовому праву можно сформулировать данные категории следующим образом: финансовая правоспособность – это способность обладать финансовыми правами (иметь их) и нести юридические обязанности, предусмотренные нормативными правовыми актами, регулирующими финансовые отношения. Финансовая дееспособность – это способность субъекта самостоятельно либо через представителей приобретать, осуществлять, изменять и прекращать финансовые права и обязанности, а также нести ответственность за неправомерную их реализацию. Дееспособность охватывает и деликтоспособность субъекта – способность самостоятельно нести ответственность за совершенные финансовые правонарушения.

Финансовая правоспособность физического лица, является общей, абстрактной предпосылкой возникновения субъективных прав и обязанностей, предусмотренных нормами финансового права.

Финансовая правоспособность физического лица реализуется с помощью финансовой дееспособности, которая представляет собой способность лица своими действиями либо через представителей осуществлять обязанности и права, предусмотренные финансовым правом.

Следует согласиться с мнением ученых о подразделении финансовой дееспособности, как и финансовой правоспособности, на подвиды: бюджетную дееспособность, налоговую дееспособность, валютную дееспособность и т.д. [13, 24] При этом хотелось бы отметить, что данные подвиды дееспособности можно назвать специальными подвидами в зависимости от вида финансовых отношений.

Основаниями возникновения финансового правоотношения являются юридические факты: простые и сложные (фактический состав). Возможность реализации обязанностей и прав у всех субъектов финансового права одинаковая, но их объем у конкретного участника конкретного финансового правоотношения может быть различен. Так, например, согласно финансовому законодательству у юридических лиц как субъектов финансового права, объем обязанностей и прав значительно больше, чем у физических лиц.

При этом следует отметить, что если в науке финансового права рассматривают финансовую правоспособность и финансовую дееспособность физического лица и юридического лица отдельно, подразделяя их на подвиды, то при исследовании категории финансовой правосубъектности имеется иной подход. Так, Древаль Л.Н., считает, что «финансовая правосубъектность не может рассматриваться в отдельности в отношении граждан, юридических лиц, т.к. суть данного понятия охватывает всех субъектов финансового права, не наделяя каждого «собственной» правосубъектностью. Изменение финансовых правоотношений может быть совершено только в случаях, закрепленных в нормативных правовых актах. Данные особенности определяется публичностью финансовых правоотношений» [8, 81-82].

Разделяя мнение Л.Н. Древаль о том, что «финансовая правосубъектность» не должна рассматриваться в отдельности в отношении граждан и юридических лиц, нельзя забывать, что сама категория «финансовая правосубъектность» носит обобщающий характер и проявляется она через бюджетную правосубъектность, налоговую правосубъектность, валютную правосубъектность и т.д.

Одной из особенностей финансовой правосубъектности, отличающей эту категорию от гражданской правосубъектности, является то, что она характеризуется в первую очередь обязанностями субъекта права, поскольку государство, устанавливая финансовые правовые нормы, применяет, как правило, метод властных предписаний. Содержание финансовой правоспособности субъекта раскрывается, конечно, и через его права, закрепленные в нормах финансового права. Однако, как правило, финансовые права физического лица носят производный от обязанностей характер [19, 126].

Следует отметить, что понятие «финансовая правосубъектность» в силу особого предмета финансового права носит обобщающий характер и проявляется через такие подвиды, как: бюджетная правосубъектность, налоговая правосубъектность, валютная правосубъектность и т.д. По нашему мнению, некорректно говорить о едином содержании финансовой правосубъектности, поскольку ее содержание раскрывается через содержание бюджетной, налоговой, валютной правосубъектности, финансовая правосубъектности в области страховых отношений, государственного кредита и т.д. Данное положение также характеризует особенность финансовой правосубъектности, отличающей ее от гражданской правоспособности, содержание которой закреплено в ст. 18 ГК РФ.

В современной юридической литературе понятие «субъект права», в том числе и субъект финансового права, главным образом используется в качестве синонима терминов «субъект» или «участник правоотношений», хотя в юридических источниках конца XIX в. понятие «субъект права» употреблялось лишь для обозначения «носителя субъективных прав».

В литературе отмечалось, что переход (трансформация) субъекта права – в субъекта правоотношения связан с процессом превращения возможности в действительность, показывает диалектическую природу названных понятий и отражает аккумулирование, распределение и использование государственных и муниципальных фондов денежных средств.

Финансовое право, регулируя относящиеся к его предмету общественные отношения, определяет круг участников или субъектов этих отношений, наделяет их юридическими обязанностями и правами, которые обеспечивают планомерное и целенаправленное образование, распределение и использование публичных денежных фондов. Носители этих обязанностей и прав являются субъектами финансового права. Вопрос о соотношении понятий «субъект права» и «субъект (участник) правоотношения» остается в юриспруденции дискуссионным [1, 482]. Мы полагаем, что указанные категории, тесно связанные друг с другом, все же различаются между собой. Субъект финансового отношения – это реальный участник конкретных правоотношений. Субъект финансового права, вступая в конкретные финансовые отношения при реализации своих прав и обязанностей, становится субъектом (участником) финансового правоотношения, но при этом он остается субъектом финансового права, поскольку может вступать и в другие финансовые правоотношения.

Трудно не согласиться с выводом ученых в том, что субъект финансового права – понятие более широкое, чем субъект (участник) финансового правоотношения. Носители финансовых прав и обязанностей могут даже не вступить в конкретные правоотношения, или какая-то часть их прав и обязанностей остается нереализованной [19, 110; 23, 81].

Финансовая дееспособность физического лица наиболее полно разработана применительно к налоговым отношениям. В этом случае она выполняет две основные функции: юридическую и социальную. Первая является средством реализации финансовой правоспособности физического лица. Вторая проявляется в обеспечении для личности возможности осуществлять свои налоговые обязанности (налоговую правосубъектность) перед государством и нести ответственность за неправомерное поведение.

В литературе отмечается, что в большинстве случаев финансовая правосубъектность физического лица характеризуется наличием (совпадением) у одного лица правоспособности и дееспособности. Но может иметь место и их несовпадение. Например, когда несовершеннолетние лица являются собственниками имущества и доходов, составляющие объект налогов и сборов, то до достижения этими лицами налоговой дееспособности, т.е. 16 лет, от их имени приобретают налоговые права и, несут налоговые обязанности их законные представители [19, 126]. В юриспруденции возникает вопрос о соотношении категорий гражданской правосубъектности и финансовой правосубъектности, однако, рассмотрим разновидность финансовой правосубъектности - налоговую правосубъектность.

Юридические лица и совершеннолетние граждане, обладая всеми элементами гражданской и финансовой правосубъектности, являются субъектами финансового права. Малолетние дети и совершеннолетние граждане, признанные недееспособными, являясь субъектами финансового права, обладают только гражданской правоспособностью, но не обладают гражданской дееспособностью.

Как уже отмечалось ранее, в науке финансового права рассматриваемая проблема наиболее тщательно изучена в сфере налогов. Так, пункт 2 статьи 107 НК РФ устанавливает возраст наступления налоговой деликтоспособности физического лица – 16 лет. Учитывая, что деликтоспособность является составляющей дееспособности [19. 126], то можно утверждать, что налоговая дееспособность в целом возникает у физического лица с 16 лет.

В соответствии со статьей 27 НК РФ «законными представителями налогоплательщика – физического лица признаются лица, выступающие в качестве его представителей в соответствии с гражданским законодательством Российской Федерации», т.е. родители, усыновители, опекуны и попечители (статьи 26, 28 ГК РФ).

В налоговом праве не исключена как впрочем, и в гражданском праве, ситуация, когда налоговая правоспособность одного лица (аналогично гражданской правоспособности) дополняется налоговой дееспособностью другого лица (гражданской дееспособностью другого лица). Иначе говоря, элементы налоговой правосубъектности распределяются между несовершеннолетними как субъектом налогового права и его законными представителями [19, 126]. Точно такая же картина, по нашему мнению, наблюдается и в гражданском праве.

Физические лица как субъекты налогового права выступают, прежде всего, в качестве налогоплательщиков и плательщиков сборов. Согласно статьи 19 Налогового кодекса РФ «налогоплательщиками и плательщиками сборов признаются организации и физические лица, на которых в соответствии с Налоговым кодексом возложена обязанность уплачивать соответственно налоги и (или) сборы».

Физические лица в соответствии с действующим законодательством являются плательщиками налога на доходы физических лиц, налога на имущество физических лиц, земельного налога, госпошлины и т.д.

Определенная часть физических лиц, относясь к субъектам налогового права, выступают и в качестве налоговых агентов (статья 24 НК РФ). Так, в частности, индивидуальные предприниматели, выплачивающие доходы своим работникам, обязаны рассчитать, удержать и перечислить в бюджет сумму налога по полученным ими доходам, взносы в государственные внебюджетные фонды.

Налоговая правосубъектность физического лица, выступающего в качестве налогового агента, раскрывается через те же права, которые имеет налогоплательщик (статьи 21 НК РФ), а также обязанности, закрепленные в статье 24 НК РФ. Согласно данной статьи налоговый агент обязан: правильно и своевременно исчислять, удерживать из средств, выплачиваемых налогоплательщикам, и перечислить в бюджет (внебюджетные фонды) соответствующие налоги; в течение одного месяца письменно сообщать в налоговый орган по месту своего учета о невозможности удержать налог у налогоплательщика и о сумме задолженности налогоплательщика; вести учет выплаченных налогоплательщикам доходов, удержанных и перечисленных в бюджеты (внебюджетные фонды) налогов, в том числе персонально по каждому налогоплательщику; представлять в налоговый орган по месту своего учета документы, необходимые для осуществления контроля правильности исчисления, удержания и перечисления налогов.

Физические лица являются субъектами финансового права, обладая финансовой правосубъектностью имеют право на получение из бюджета средств в виде субвенций, субсидий (статья 69 БК РФ), т.е. реализуют свою финансовую правосубъектность через ее разновидность – бюджетную правоспособность. Данное положение подтверждает наш вывод о том, что финансовая правосубъектность носит обобщающий характер.

Итак, проанализировав имеющиеся в юриспруденции понятия субъекта финансового права, автор приходит к выводу, что до настоящего времени среди ученых не достигнуто единство взглядов в отношении данной категории. С учетом изложенного, автор считает возможным предложить собственное определение субъекта финансового права. Субъект финансового права – это лицо, обладающее финансовой правосубъектностью, т.е. за которым государство признает способность быть носителем обязанностей и прав, предусмотренных финансовым правом, что позволяет ему участвовать в конкретном финансовом правоотношении и нести ответственность за совершение финансового правонарушения. Понятия «субъект права» и «лица, обладающие правосубъектностью» тождественны.

Литература

1. *Алексеев С.С.* Общая теория права. М., 1982. Т. 2. – 358 с.

2. *Братусь С.Н.* Субъекты гражданского права. М., Госюриздат, 1950

3. *Венгеров А.Б.* Теория государства и права: Учебник / *А.Б. Венгеров,* - 2-е изд. – М.: Омега-Л, 2005

4. *Венедиктов А.В.* О субъектах социалистических правоотношений. Советское государство и право. 1955. № 6

5. Гражданское право в вопросах и ответах. 2-е изд., перераб. и доп.: учеб. пособие / под ред. *Алексеева С.С.* – М.: Проспект: Екатеринбург: Институт частного права, 2008

6. Гражданское право. В 4 т. Т. 1: Общая часть: учеб. для студентов вузов (*Ем В.С.* и др.); отв. ред. – *Суханов Е.А.* – 3-е изд., перераб. и доп. – М.: Волтерс Клувер, 2007. – 770 с.

7. *Древаль Л.Н.* Субъекты российского финансового права / Под ред. *Е.Ю. Грачевой.* [Текст]: М.: ИД «Юриспруденция», 2008. – 288 с.

8. *Карасева М.В.* Финансовое правоотношение. М.: Издательство НОРМА, 2001. 288 с.

9. *Кирилина В.Е.* Субъект налогового права как правовая категория // Финансовое право. 2004. № 3. С. 96.

10. *Корнеев С.М.* Гражданское право. В 4 т. Т. 1: Общая часть: учеб. для студентов вузов; отв. ред. *Суханов Е.А.* – 3-е изд., перераб. и доп. – М.: Волтерс Клув. 2007

11. *Малеин Н.С.* Гражданский закон и права личности в СССР. М., 1981. – 216 с.

12. *Перепелица М.А.* Понятие и особенности субъектов финансового права // Финансовое право. 2004. № 6

13. Права человека. Сборник международных документов. М., 1986

14. *Ручкина Г.Ф.* Гражданская правосубъектность органов внутренних дел РФ (организационно-правовые аспекты): Автор. дис. ... канд. юрид. наук: 12.00.03 Академия управления МВД России. – М. 1997

15. Советское гражданское право. Субъекты гражданского права. / Под ред. *С.Н. Братуся.* – М.: Юрид. лит., 1984. – 288 с.

16. Теория государства и права: Учебник / *А.Б. Венгеров,* - 2-е изд. – М.: Омега-Л, 2005. – 595 с.

17. Теория государства и права / под ред. *Матузова Н.И.* и. *Малько А.В.,* Учебное пособие. – М.: Юрист, 2004 г. – 512 с.

18. Финансовое право: Учебник / отв. ред. *Карасева В.М.,* – 2-е изд., перераб. и доп. – М.: Юристъ, 2007. – 592 с.

19. Финансовое право России: Учебник / *Крохина Ю.А.* – 2-е изд., перераб. и доп. – М.: Норма, 2008. – 720 с.

20. Финансовое право: Учеб. пособие / под ред. *Кислясханова И.Ш., Эриашвили Н.Д.* – 2-е изд., перераб. и доп. – М.: ЮНИТИ, 2007. – 479 с.

21. Финансовое право: учебник / *Шохина С.О.* – М.: КноРус, 2006

22. Финансовое право: Учебник / отв. ред. *Химичева Н.И.* – 4-е изд., перераб. и доп. – М.: Норма, 2008. – 749 с.

23. *Халфина Р.О.* Общее учение о правоотношении. М., Юрид. лит., 1974. – 351 с.

24. *Химичева Н.И.,* Под ред.: Манохин В.М. Субъекты советского бюджетного права. Издательство Саратовского университета. 1979. – 222 с.

Гайдарева И.Н.

кандидат социологических наук, доцент кафедры конституционного и административного права ФГБОУ ВО «Адыгейский государственный университет», г. Майкоп

alay_1968@mail.ru

Удычак Ф.Н.

кандидат юридических наук, доцент кафедры конституционного и административного права ФГБОУ ВО «Адыгейский государственный университет», г. Майкоп

f.udychack@yandex.ru

СОВРЕМЕННОЕ ПОНИМАНИЕ НАЦИОНАЛЬНОЙ БЕЗОПАСНОСТИ В СВЕТЕ МЕНЯЮЩЕГОСЯ ЗАКОНОДАТЕЛЬСТВА

Состояние политико-правовой системы оценивается как безопасное в том случае, если устраняются негативные факторы, препятствующие эффективной реализации интересов личности, общества, государства и тем самым создающие угрозу стабильности функционирования системы ее целостности. При этом содержание политико-правовой формы составляет множество конкретных социальных отношений, основанных на свойственных данному обществу нормативных системах (религии, морали, обычаев, традиций). Содержание социальных норм детерминирует соответствующий комплекс присущих данному обществу ценностей, духовных и материальных благ служащих удовлетворению жизненно важных потребностей участников общественных отношений [1, с. 36]. Необходимость сохранения, защиты, преумножения таких традиционных национальных ценностей и благ отражает сущность национальных интересов и их особенности на разных этапах развития национальной общности. В указанном значении, национальные интересы России вполне корректно рассматривать как «преемственно воспроизводящуюся ценностно-идеологическую систему»[2]. Законодательно же национальные интересы Российской Федерации определены как «совокупность внутренних и внешних потребностей государства в обеспечении защищенности и устойчивого развития личности, общества и государства»[3].

К основным компонентам национальной безопасности относятся военная, экономическая, социальная, экологическая, информационная безопасность. В той мере, в какой задачи обеспечения национальной безопасности являются производными от национальных интересов, концепции национальной безопасности также связаны с теоретическим обобщением данных интересов.

Широкий спектр проблем информационной безопасности личности, общества и государства, развития культуры кибербезопасности, обеспечения неприкосновенности частной жизни и защиты прав на доступ к информации, защиты информационных систем, ресурсов и сетей, расширения применения информационных технологий в государственном управлении и при оказании государственных услуг, а также другие проблемы информационной безопасности нуждаются в системном правовом регулировании на основе тщательного анализа международных правовых норм, зарубежного законодательства, действующего законодательства Российской Федерации и правоприменительной практики [4, с. 175].

Сегодня в России базовым документом по планированию развития системы обеспечения национальной безопасности, в котором излагаются порядок действий и меры по обеспечению национальной безопасности, определяющим, что национальная безопасность страны существенным образом зависит в том числе и от обеспечения информационной безопасности, является Стратегия национальной безопасности Российской Федерации[5]. Вместе с тем в сфере информационной безопасности основным политико-правовым документом, представляющим совокупность официальных взглядов на цели, задачи, принципы и направления обеспечения информационной безопасности России, остается Доктрина информационной безопасности Российской Федерации [6]. В настоящее время реализуется курс на формирование и развитие информационного общества, определенный в Стратегии развития информационного общества Российской Федерации [7].

Анализ различных определений национальной безопасности позволяет выделить некоторые особенности, характеризующие данный феномен. Причем некоторые из этих особенностей с определенной долей условности можно назвать традиционными для отечественной науки, а некоторые являются заимствованными из западной политико-правовой традиции.

1. Прежде всего, национальная безопасность – это специфическое состояние которое при определенных условиях может рассматриваться как целевая установка.

2. Национальная безопасность – состояние нормального функционирования и развития национальной политико-правовой системы определяемое объективными и субъективными факторами. Исходя из этимологии слова «безопасность», смыл которого, в русском языке раскрывается как «состояние, при котором не угрожает опасность, есть защита от опасности» [8], состояние национальной безопасности определяется:

а) объективным, не зависящим от человеческого волеизъявления отсутствием угроз национальным интересам (объективный фактор);

б) целенаправленной защищенностью национальных интересов от угроз (субъективный фактор).

3. Общим объектом национальной безопасности выступают национальные интересы, как совокупность гармонично сочетаемых интересов личности, общества и государства, которые следует рассматривать в качестве родовых объектов национальной безопасности. Непосредственными же объектами выступают конкретные интересы личности, общества, государства в экономической, социальной, политической, экологической и в других сферах.

4. Феномен национальной безопасности имеет качественный и количественный аспект. Качественный аспект предполагает, что безопасность среды функционирования национальной политико-правовой системы – есть определенное качество, предполагающее отсутствие угроз этой системе. Количественный аспект – это степень безопасности, определяемая конкретным множеством источников, угроз, отдельных факторов и условий создающих агрессивную, для функционирования национальной политико-правовой системы среду.

Национальная безопасность непосредственно связывается со сформировавшимися в обществе ценностями. Однако следует учитывать тот факт, что восприятие и понимание национальных ценностей и идеалов конкретным субъектом в конкретное время было и будет различным.

Подводя итог вышеизложенному, следует полностью поддержать ту точку зрения в соответствии с которой национальная безопасность представляет собой совокупность:

а) внутренних факторов: размеры территории государства, наличие у него природных ресурсов, численность населения страны, ее военно-политический, экономический и научно-технический потенциал, стабильность государственных институтов, моральный дух общества, его единство;

б) внешних факторов (геополитическое положение государства в мире, участие в международных организациях и военно-политических союзах, наличие союзников и противников либо их отсутствие, степень контроля над мировыми источниками сырья, золотовалютными резервами, обладание передовой технологией, информационными ресурсами и т.д.

При этом национальная безопасность Российской Федерации – такое качественное и количественное состояние российского общества, государства, его граждан, российских народов и всего многонационального народа России, которое характеризуется закрепленной на законодательном уровне согласованностью их интересов, их защищенностью от существующих или ожидаемых внешних и внутренних угроз, возможностью их совместного прогрессивного и устойчивого развития, соблюдением конституционного строя, конституционных прав и свобод граждан. Уровень национальной безопасности определяется составом и отклонением от пороговых значений основных экономических, правовых, социальных, внутриполитических, этнополитических, внешнеполитических, демографических, экологических и иных индикаторов (количественных показателей), характеризующих жизненно важные области и сферы деятельности и устойчивое прогрессивное развитие российского общества, государства, его граждан, российских народов, всего многонационального народа России.

Литература:

1. Удычак, Фатима Нурбиевна. Государственно-правовой механизм обеспечения национальной безопасности: теоретико-правовой аспект: диссертация ... кандидата юридических наук: 12.00.01 / Удычак Фатима Нурбиевна; [Место защиты: Кубан. гос. аграр. ун-т]. – Краснодар, 2011.

2. Ткаченко, М.А. Юридическая защита национальных интересов России в новом геоэкономическом порядке: Автореф. дис. ... канд. юрид. наук / М.А. Ткаченко. – Ростов-на-Дону, 2009.

3. О безопасности: федер.закон от 28 декабря 2010 г. № 390-ФЗ: принят Гос. Думой 7 декабря 2010 г.: ред. от 5 октября 2015 г. // Российская газета. – 2010. – № 295.

4. Гайдарева, И.Н. Правовое обеспечение информационной безопасности в России / И.Н. Гайдарева // Вестник АГУ. Серия 1: Регионоведение: философия, история, социология, юриспруденция, политология, культурология. – 2009. – № 1. – С. 174-180.

5. Стратегия национальной безопасности Российской Федерации: указ Президента РФ от 31 декабря 2015 г. № 683 // Собрание законодательства Российской Федерации. – 2016. – № 1 (часть II). – Ст. 212.

6. Доктрина информационной безопасности Российской Федерации: утв. Президентом РФ от 9 сентября 2000 г. № Пр-1895 // Российская газета. – 2000. – № 187. – 28 сент.

7. Стратегии развития информационного общества Российской Федерации: утв. Президентом РФ от 7 февраля 2008 г. № Пр-212 // Российская газета. – 2008. – № 34. – 16 февр.

8. Герасимов, А.П. Роль государства и права в обеспечении социальной безопасности // Общая теория права и государства / Под ред. В.В. Лазарева / А.П. Герасимов. – М., 1994.

УДК 34.341

Семенов М.Р.,
Козлов А.П.
к. юр. наук, доц.
СЗИУ РАНХиГС при Президенте РФ
semenovmr@inbox.ru

БРЕНД САНКТ-ПЕТЕРБУРГА КАК МЕХАНИЗМ РЕАЛИЗАЦИИ ПРИОРИТЕТОВ ГОСУДАРСТВЕННОЙ ПОЛИТИКИ

Статья описывает актуальность процесса разработки и построения бренда Санкт-Петербурга, исходя из нормативно-правовых документов устанавливающих приоритеты развития города на краткосрочную и долгосрочную перспективу.

Ключевые слова: брендинг территории, приоритеты развития, стратегия развития.

В конце XX столетия в мире произошли значительные изменения в идеологической сфере, в первую очередь, коснувшиеся проблем наций и национальных отношений. Это связано с тем, что современное общество вступило в эпоху глобализации, в условиях которой региональные и национальные особенности, в достаточной мере растворяются в общих сложных внутри государственных и международных отношениях. Остро стоит вопрос обезличенности городов, регионов, стран. Возникает угроза потери этнических и культурных особенностей различных народов. [1]

В связи с этим, Российский регион становится предметом научного осмысления как административная, экономическая, культурно-историческая и этнокультурная единица.

В условиях острой глобальной конкуренции перед государствами и их территориями — регионами, городами стоит задача найти способ отличиться от других стран и регионов, найти свою нишу на глобальном рынке инвестиций или туристическом рынке. Именно идентичность и репутация страны и региона, закрепляемые в её бренде, становятся сегодня наиболее эффективным инструментом в конкурентной борьбе. В отличие от бренда товара или бренда компании, создание и управление брендом региона обеспечивают не только и не столько экономический, но и политический и весьма мощный социальный эффекты: привлечение инвестиций и туристов, укрепление интеграционных процессов, консолидация интересов и усилий населения и власти региона, информирование общественности о достижениях региона и т.п. [2]

В условиях глобализации, расширения информационного пространства и доминирования нематериальных активов территорий формирование привлекательного имиджа территорий становится одним из ключевых направлений региональной политики. Зарубежный и формирующийся российских опыт свидетельствует, что материальные активы, традиционно считавшиеся основой экономики территорий, сегодня отходят на второй план и ключевым фактором привлекательности территорий становятся культурные и духовные ресурсы – историко-культурное наследие, уникальные культурные особенности региона, креативность и творческий потенциал жителей. [3]

Исходя из вышесказанного, первоочередной задачей городских властей становиться развитие и поддержание массовой культуры населения. Не последнюю роль в этом процессе играет позиционирование города. Город, активно использующий все виды имеющихся у него развивающих ресурсов, привлекательный для инвесторов, туристов и жителей сегодня является самым важным товаром на рынке развития территорий в условиях постоянной конкуренции, обусловленной всемирным процессом глобализации.

Брендинг территории, при грамотном использовании, является эффективным инструментом развития, поддержания и популяризации уникальной национально-культурной идентичности региона на международной арене, а также является катализатором национальных традиций, моральных норм и других культурных составляющих среди местного населения. [3]

Под понятием бренд территории мы понимаем комплекс мероприятий в сфере, туризма, культуры, внутренней и внешней политики, экспорта, а также процесс визуального воплощения идентичности территории, который направлен на улучшение имиджа данной территории. Коммуникационное поле бренда взаимодействует как с местными жителями, так и с иностранными гражданами, с помощью разнообразных инструментов и адаптированных под территорию методов.

Перечислим основные нормативно-правовые акты, устанавливающие приоритеты государственной политики, целям которых удовлетворяет метод построения бренда с учетом национально-культурных особенностей:

- Указ Президента РФ от 24.12.2014 г. №808 «Об утверждении Основ государственной культурной политики»;
- Концепция развития промышленного комплекса Санкт-Петербурга на период до 2020 года;
- Постановление Правительства Санкт-Петербурга от 17.06.2014 г. №488 «О государственной программе Санкт-Петербурга «Развитие сферы культуры и туризма в Санкт-Петербурге» на 2015-2020 годы;

В постановлении Правительства Санкт-Петербурга от 13.05.2014 года №355 «Стратегия экономического и социального развития Санкт-Петербурга до 2030 года» определена миссия Санкт-Петербурга до 2030 года – создание ценностных ориентиров, генерация и внедрение передовых идей, развитие Санкт-Петербурга как центра мировой культуры и международного сотрудничества»

«Стратегия экономического и социального развития Санкт-Петербурга до 2030 года» к настоящему времени обозначает следующий набор функций Санкт-Петербурга:

1.   Историко-культурный центр мирового уровня;
2.   Образовательный, научный и инновационный центр;
3.   Столичный город;
4.   Центр промышленности;
5.   Деловой и туристский центр;
6.   Транспортно-транзитный центр.

Санкт-Петербург – важнейший туристический район Северо-Запада России. Побережье Балтийского моря дает большие преимущества для развития туризма Санкт-Петербургу как крупному благоустроенному порту и прибрежной территории области, на значительной части которой сформировалась приморская курортная зона. Привлекательность бывшей столице Российской империи придают отдельные сооружения и здания, а также целые ансамбли XVII-XIX столетий и начала XX века, разнообразные дворцы и крепости, действующие и возрождающиеся монастырские комплексы, архитектурные шедевры храмов различных конфессий, сады и парки.

Наряду с "внешней ориентированностью" бренда региона правомерно говорить о его "внутренней роли", заключающейся в обеспечении социальной стабильности. Бренд региона повышает уровень самооценки его жителей, делая их проживание в регионе более комфортным и менее конфликтным, уменьшает отток населения в другие регионы, способствует снятию внутренней социальной напряженности. Бренд направлен на развитие цивилизованных социально-экономических отношений среди жителей региона, усиление чувства единства, ответственности, патриотизма в отношении "малой родины", воспитание чувства гордости за внесение своего вклада в бренд страны или региона. Таким образом, кроме функции обеспечения социальной стабильности, бренд выполняет и культурно-идеологическую функцию объединения населения региона для выполнения общих задач.

Успешное продвижение бренда территории требует консолидации представителей Правительства города, бизнес сообщества и общественности. Субъектами, активно осуществляющими продвижение той или иной территории, должны выступать туристические операторы и агентства, торговые дома, спортивные комитеты и федерации и любые другие структуры, локализованные на территории и проявляющие активность с целью привлечения внимания к ней возможных потребителей (заказчиков продукции) и удержания уже присутствующих.

Брендинг территорий имеет высокий потенциал развития в России. Подобно компаниям, товарам и услугам на любом из торговых рынков, любой регион также имеет уникальные, присущие только ему особенности. Качественный бренд катализирует развитие экономики, культуры и туристического сектора территории, тем самым предоставляя жителям более качественные и комфортные условия жизни.

Сегодня первоочередной задачей городских властей становиться развитие и поддержание массовой культуры населения. Не последнюю роль в этом процессе играет позиционирование города. Город, активно использующий все виды имеющихся у него развивающих ресурсов, привлекательный для инвесторов, туристов и жителей (в том числе и как ретрансляторов бренда города) сегодня является самым важным товаром на рынке развития территорий. В настоящее время мы начинаем понимать бренд города и как своеобразие, неповторимость, связанные с его позиционированием в ряду подобных себе городов. [2]

Литература:

[1] Золотухина, Д.А. Стратегии формирования историко-культурного имиджа российских регионов (на примере Костромской, Новгородской и Тульской областей) : автореф. дисс. на соиск. канд. культ. наук.

[2]Семенов, М.Р. «Культура и город – трансформация специфики этноса» / Семенов, М.Р.// Сборник статей Семнадцатой Всероссийской конференции главных художников и главных дизайнеров российских городов. –Москва – 2013.

[3]Баженова, Е.Ю. Бренд территории: содержание, модели формирования, практика конструирования в российских регионах.// Баженова, Е.Ю.// - TERRA ECONOMICUS, 2013, Том 11 № 3 Часть 2

www.ingramcontent.com/pod-product-compliance
Lightning Source LLC
Chambersburg PA
CBHW070318190526
45169CB00005B/1662